海南省南渡江流域水生态健康评估

陈成豪　王旭涛　程文　黄少峰　林尤文　著

中国水利水电出版社
www.waterpub.com.cn
·北京·

内 容 提 要

    本书在开展南渡江水生态健康调查的基础上，对生境物理特征、水文水资源状况、水质物化参数、水生生物群落、河湖服务功能等方面进行了多尺度的分析与评价，构建了南渡江水生态健康评估指标体系和评估方法，对南渡江的水生态健康做出了定量评估，识别影响南渡江水生态健康的主要因素，为南渡江的水生态保护工作提供科学依据。本书共分十二章，包含了河湖健康评估技术方法的应用及南渡江水生态健康现状，可为河湖生态研究和水资源管理工作者提供参考。

图书在版编目（ＣＩＰ）数据

  海南省南渡江流域水生态健康评估 ／ 陈成豪等著
. -- 北京：中国水利水电出版社，2020.11
  ISBN 978-7-5170-9175-2

  Ⅰ．①海… Ⅱ．①陈… Ⅲ．①流域—水环境质量评价
—海南 Ⅳ．①X824

中国版本图书馆CIP数据核字(2020)第251272号

书　　　名	**海南省南渡江流域水生态健康评估** HAINAN SHENG NANDU JIANG LIUYU SHUISHENGTAI JIANKANG PINGGU
作　　　者	陈成豪　王旭涛　程文　黄少峰　林尤文　著
出 版 发 行	中国水利水电出版社 （北京市海淀区玉渊潭南路 1 号 D 座　100038） 网址：www.waterpub.com.cn E - mail：sales@waterpub.com.cn 电话：(010) 68367658（营销中心）
经　　　售	北京科水图书销售中心（零售） 电话：(010) 88383994、63202643、68545874 全国各地新华书店和相关出版物销售网点
排　　　版	中国水利水电出版社微机排版中心
印　　　刷	北京瑞斯通印务发展有限公司
规　　　格	184mm×260mm　16 开本　7.5 印张　183 千字
版　　　次	2020 年 11 月第 1 版　2020 年 11 月第 1 次印刷
印　　　数	001—800 册
定　　　价	**48.00 元**

本书编委会

主　编：陈成豪　王旭涛

副主编：程　文　黄少峰　林尤文

参　编：莫书平　李思嘉　张　鹭　黄迎艳　肖　静

　　　　吴际伟　郑冬梅　周通明　黄宗元　王　丁

前　言

　　水是生命之源、生产之要、生态之基。河流作为淡水资源的重要组成部分，其健康与否对所在流域的社会经济发展有重要作用。河流健康是指河流生态状况良好，同时具有可持续的社会服务功能。自然生态状况包括河流物理、化学和生物三个方面，用完整性来表述其良好状况；可持续的社会服务功能是指河湖不仅具有良好的自然生态状况，而且具有可以持续为人类社会提供服务的能力。河流水生态调查与评价工作主要目的是对河流水生态健康状态的各项要素进行调查，评价其水生态现状，识别对河流健康产生影响的因素，并形成相应的保护修复对策。

　　1999 年 3 月 30 日，国家环保总局正式批准海南省为中国第一个生态示范省；7 月 30 日，海南省二届人大八次会议通过《海南生态省建设规划纲要》。一直以来，生态建设都是海南省工作的重点，从 2002 年以来，先后出台了《海南岛水环境功能区划》《海南省生态功能区划》《海南中部山区国家级生态功能保护区规划》《海南省水环境功能区划》《海南省地表水环境容量核定》等五项水环境保护规划，共划出 138 个水环境功能区，河流长度超过 3700km。

　　2005 年 5 月 8 日，由海南省水务局组织，海南省水文水资源勘测局具体负责编制的《海南省水功能区划》经海南省人民政府批准同意实施。《海南省水功能区划》按照《全国水功能区划技术大纲》和珠江流域片区划的总体要求，结合海南省水质监测资料，对全省集水面积大于 $500km^2$ 以上 18 条河流和具有饮用水功能的主要中型以上水库进行区划。《海南省水环境功能区划》结合《取水许可和水资源征收管理条例》《取水许可管理办法》等条列和办法，海南省主要河流的水资源质量得到了较好的控制。

　　2007 年 9 月 29 日，海南省第三届人民代表大会常务委员会第三十次会议通过《海南省松涛水库生态环境保护规定》，该规定自 2008 年 1 月 1 日起施行，将松涛水库生态环境保护工作纳入国民经济与社会发展规划。明确了关于松涛水库管理范围和保护范围、管理范围内的土地权属、行政执法、管理和保护范围内人工林的采伐及水质监测等五大问题，明确规定"库区设计洪水线以下的土地与水面为管理范围，设计洪水位线向外水平延伸 400m 的范围以内为保护范围"自此开始，海南省以松涛水库作为了国家湖泊生态环境保护试点，陆续推进生态补偿机制建设。

2015 年海南省政府办公厅下发《2015 年度海南生态省建设工作要点》，提出"加强自然生态保护"的工作要求，"加强松涛水库和南渡江、昌化江、万泉河、宁远河、太阳河五大流域以及城市内河生态系统的保护，提高水环境质量"。保护河湖水生态健康、加强水资源管理是保护河流生态系统的重要基础，而水生态健康评估作为落实最严格水资源管理工作的重要组成部分，对海南省河流生态系统保护工作有重要的指导意义。

海南省南渡江作为我国一条较大型的热带河流，水态环境健康具有良好的基础，水生态建设也受到海南省以及国家的重视。然而随着近年来海南省社会经济的快速发展，水生态环境状况面临新的挑战。在这样的背景下，本书以南渡江流域为试点，开展河流水生态调查和评价，构建了生境物理特征、水文水资源状况、水质物化参数、水生生物群落、河湖服务功能等多维度水生态健康评估指标体系，对实现南渡江水资源可持续利用，保障流域社会、经济与环境可持续发展具有十分重要的意义。

从调查结果来看，南渡江汛期的生态基流和适宜生态流量满足程度较高，但非汛期适宜生态流量满足程度较低。南渡江干流已建有多个梯级，其中上游的松涛水库基本把南渡江上游与中下游隔离，中游梯级坝高较大地阻隔了河流连通性，下游低水头梯级仅能在较大地流量时恢复连通性。南渡江河砂资源丰富，采砂行业已有较长历史，部分河段仍存在无序挖沙活动，对河流生境产生较大损害。

南渡江总体水质状况良好，其中中上游水体质量较高，保持在 Ⅱ 类以上；下游接近河口段水质有所下降，保持在 Ⅲ 类。各河段耗氧污染物和重金属含量均处于较低水平。

南渡江干流共鉴定浮游植物 7 门 151 种（属），支流 7 门 120 种（属），其中蓝藻门、绿藻门和硅藻门浮游植物是各调查点的优势类群，流域不同区位的浮游植物种类、密度、生物量、优势种等群落结构特征存在时空差异；干流共鉴定浮游动物 5 类 74 种，支流 52 种，轮虫、枝角类是各调查点中主要类群。

南渡江共鉴定底栖动物 44 种，种类丰富度空间分布特征为非汛期大于汛期、支流大于干流、上游大于下游。其中软体动物的腹足纲底栖动物在大部分站点中占有优势；近河口以钩虾为优势；适应于溪流环境的昆虫纲底栖动物（如蜉蝣目、蜻蜓目）在干流上游站点出现频率较高。

南渡江共鉴定着生硅藻 98 种，其中菱形藻属、舟形藻属等属种类较丰富。从着生硅藻群落的生态指示性来看，干流多数站点以耐中强污染的种群占优势，支流以 β－中污染种群占优势，污染耐性较干流优势种群低，表明南渡江支流生态质量优于干流。

南渡江记录鱼类 93 种，本书通过现场调查和资料文献查阅，累计采集及整理 48 种，其中包括花鳗鲡、长臀鮠、台细鳊、海南鱊、大鳞白鲢、高体鳑等珍稀保护或海南特有种类。与历史资料记载相比，南渡江鱼类资源已经显著衰退，虽然种类还较丰富，但各种群资源量已十分微小，也没有某个种类有大群体、占相对较大比例。

根据调查结果进行水生态状况评价，南渡江处于健康状态。从各健康指标评价得分来看，南渡江健康得分较低为河流形态，其次为生物群落、水文水资源。由此识别出南渡江存在河道敏感生态需水不足、河流形态遭破坏、鱼类多样性及资源量下降等健康问题。本书针对性地提出下泄生态流量、恢复河流纵向连通性、人工保育鱼类资源、栖息地保护等南渡江健康管理对策。

本书共分 12 章，第 1 章是对南渡江流域自然及社会环境的介绍，第 2 章介绍了南渡江的水文及河流物理结构状况，第 3 章介绍了南渡江水质状况，第 4 章～第 8 章分别介绍了南渡江流域的浮游植物、浮游动物、底栖动物、着生硅藻、鱼类资源的群落特征，第 9 章、第 10 章介绍了南渡江水生态健康评价方案和水生态现状评价，第 11 章识别出南渡江存在的水生态问题并提出针对性管理对策，第 12 章为结论。

本书稿撰写得到了多方支持和指导，在此谨向提供帮助与指导的单位、专家、学者表示衷心感谢！

本书虽力求全面反映南渡江流域水生态健康各项要素，评价水生健康状态和影响因素，但由于条件和能力所限，书中不妥之处请广大读者批评指正。

作者

2018 年 6 月

目 录

河流概况

1.1 自 然 环 境❶

1.1.1 地理位置

南渡江流域位于东经 $109°10'14''\sim110°33'24''$，北纬 $18°56'00''\sim20°05'26''$，流域面积 $7033km^2$，约占海南岛总面积的 21%。流域范围涉及海口市、定安县、屯昌县、澄迈县、临高县、儋州市、琼中县、白沙县、文昌市等 9 市县。

1.1.2 河流水系

南渡江，又称南渡河，是海南省第一大河流。发源于海南省白沙黎族自治县的南峰山，流经白沙县、儋州市、琼中县、屯昌县、澄迈县、定安县和海口市，于海口市分三支注入琼州海峡：北支为干流，在三联村附近入海；西北支横沟河，在网门港（横沟村附近）入海；西支海甸溪，在海口港（新港码头附近）入海。南渡江干流长 334km，河道平均坡降 $0.72‰$，总落差 703m，平均宽度 21km。

南渡江流域形态呈狭长形，河流大体流向为自西南向东北。南渡江松涛水库坝址以上为上游（河段长 137km），松涛水库坝址至九龙滩电站坝址为中游（河段长 83km），九龙滩电站坝址以下为下游（河段长 114km），其中龙塘电站坝址以下为河口段（河段长 26km）。

南渡江干流基本情况见表 1.1。

表 1.1　　　　　　　　　南渡江干流基本情况

河流		起 讫 地 点		集水面积 /km²	河长 /km	平均坡降/‰
		起	讫			
南渡江		白沙县南峰山	海口市美兰区	7033	334	0.72
河段	上游	南峰山	松涛坝址	1496	137	—
	中游	松涛坝址	九龙滩坝址	1520	83	—
	下游	九龙滩坝址	海口市美兰区	4017	114	—

---

❶ 河流水系、水资源量、地形地貌等小节内容引自《南渡江流域综合规划（修编）环境影响报告书》，中水珠江规划勘测设计有限公司，2015 年。

流域内流域面积大于$100km^2$的支流有20条，包括15条一级支流和5条二级支流，详见表1.2。

表1.2 流域面积大于$100km^2$的支流基本情况

河流名称	河流等级	河流发源地	河流出口	流域面积 /km²	河长 /km	坡降 /‰	多年平均流量 /(m³/s)
南美河	一级	白沙斧头岭	白沙同岭	124	32.4	11.3	1.5
南湾河	一级	白沙尖头岭	白沙南万岭	310	38.7	5.52	13
南春河	一级	白沙鹦哥岭	白沙罗亲园	105	27.1	10.6	3.5
腰子河	一级	琼中鸡嘴岭	儋州亲足口下	356	42.3	2.47	12.1
南利河	二级	琼中三星林岭	琼中阳江农场	108	23.6	12.7	3.84
南坤河	一级	屯昌黄竹岭	屯昌合水村	133	26	5.87	5.18
西昌水	一级	屯昌雨水岭	澄迈岭脚岭	144	25.7	7.27	3.88
缘现河	一级	澄迈加东铺村	澄迈谷蛟岭	174	34	2.96	4.41
大塘河	一级	儋州大王岭	澄迈大塘村	601	55.7	1.83	9.53
海仔河	一级	澄迈山猪岭	澄迈新村港	176	30	2.53	4.3
汶安河	一级	澄迈群番岭	澄迈文安村	165	24.7	1.34	4.45
龙州河	一级	屯昌黄竹岭	定安溪头坡	1293	107.6	1.11	43.5
南淀河	二级	屯昌南吕岭	屯昌弯头仔村	134	27.3	3.14	6.2
卜南河	二级	屯昌长旦岭	定安卜南村	148	29	3.89	4.4
温村水	一级	定安北斗岭	定安仙屯村北	124	24.9	1.82	3.91
巡崖河	一级	定安黄竹镇	定安巡崖村	445	42.3	1.27	11.56
永丰水	二级	文昌蓬莱镇	海口水口村	110	28.4	1.85	2.9
昌头水	二级	文昌蓬莱镇	海口多历村	157	37.4	1.28	4.63
铁炉溪	一级	海口文岭村	海口旧州镇	105	28.7	2.03	3
南面沟溪	一级	海口扬南村	海口蛟龙村	120	33.9	1.91	2.8

南渡江流域单河水能理论蕴藏量在10MW以上的一级支流有南湾河和龙州河，南湾河多年平均流量$13m^3/s$，龙州河多年平均流量$43.5m^3/s$。

南渡江水系图如图1.1所示。

1.1.3 地形地貌

松涛水库坝址以上为南渡江上游，河长137km，为中低山地区，河谷狭窄，坡降大，急滩多，两岸地形陡峻，高程都在500m以上，最高点鹦哥岭1812m。松涛水库坝址以下至九龙滩为南渡江中游，河长83km，属低山丘陵，南高北低，一般山顶高程200～500m，最高点黎母岭1411m，山间谷沟发育，河道迂回弯曲，两岸坡陡。九龙滩以下为南渡江下游，河长114km，属丘陵台地及滨海平原三角洲，地势南高北低，河道宽阔，坡降平缓，沙洲、小丘及浅滩较多，两岸是平坦的台地，大部分为农田，其中潭口以下为河口段，最下游的梯级龙塘大坝离河口26km。

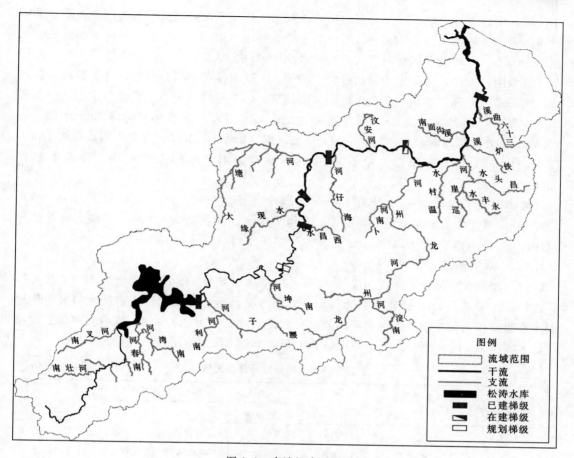

图 1.1　南渡江水系图

1.1.4　土壤

根据资料，南渡江流域的土壤主要有玄武岩砖红壤、玄武岩赤土地、浅海砖红壤、浅海赤土地、花岗岩砖红壤、砂页岩砖红壤、砂页岩赤红壤、砂页岩黄色赤土地、花岗岩黄色砖红壤、酸性紫色土、火山灰石质土、潴育型水稻土等。

1.1.5　矿产资源

南渡江流域矿产资源丰富，主要分布有锌矿、铅矿、铜矿、水晶矿、钨矿、高岭土矿、煤矿、沸石矿等。

1.1.6　水文气象

1.1.6.1　气象

南渡江流域地处热带北部边缘，具有丰富的雨量、阳光和热能。台风频繁，干湿季差别显著。年平均气温 23.5℃，气候温和，四季界线不明显。5—9 月为高温期，7 月平均气温最高，为 28℃，绝对最高温度 41.6℃；低温期在 1—2 月，1 月平均气温最低，为 17℃，绝对最低温度 −1.4℃（出现在白沙县）。年平均相对湿度 85%。主导风向为东北季风，其次为东风和东南风，8—10 月风速最大。上游平均风速 1.5m/s，为全省风速最小区域；中、下游受东北风及台风影响，以及由于昼夜间海陆气候交替等因素关系，常年风速较大，平均风速为 3～4m/s。海口地区最大风速达 42.8m/s，多年平均 10min 最大风速 13.6m/s。年均受台风影响 7 次，台风登陆 1～2 次。

流域雨量充沛，多年平均降雨量为 1929mm。降雨量在空间分布上，自上游向下游递减，南部多于北部。流域上游及中游山区的仙婆岭、黎母岭一带是全岛暴雨中心之一，多年平均降雨量为 2000～2400mm；下游的琼北台地及沿海一带多年平均降雨量为 1600～2000mm。降雨量时间分配不均，5—11 月为汛期（雨季），降雨量占全年降雨量的 85%，12 月至次年 4 月为非汛期（旱季）。中、下游地区雨量年际变化较小，变差系数在 0.15～0.25。

流域多年平均陆面蒸发量为 930mm，其中上游为 800～900mm，中下游为 900～1000mm。据龙塘水文站观测资料统计，多年平均水面蒸发量为 1450mm，最大蒸发量为 1710mm，最小蒸发量为 1320mm。松涛水库多年平均蒸发量为 1390mm。

1.1.6.2 水资源量

（1）地表水资源量。南渡江流域 1956—2000 年多年平均地表径流量为 69.07 亿 m³，折合径流深 982.1mm，径流系数为 0.51。地表水资源量年际变化较大，最大与最小年地表水资源量相差约 3 倍。流域内不同频率地表径流地域分布见表 1.3，琼中县多年平均径流最大深度为 1446.8mm，其次为屯昌县 1080.4mm，最小的是儋州市 585.9mm。

表 1.3　　　　　　　　南渡江流域不同频率地表径流量　　　　　　　　单位：mm

分　区	多年平均径流量	20%	不同频率地表径流量			
			50%	75%	90%	95%
海口市	824.4	1064.5	786.6	602.8	464.2	393
定安县	1042.9	1356.6	992.4	753.4	574.6	483.2
屯昌县	1080.4	1399.4	1029.2	785.7	602.8	508.8
澄迈县	831.7	1068.2	795.9	614.6	477.7	406.7
临高县	661.7	854.2	631.6	484.1	373.2	316
儋州市	585.9	748.5	561.7	437.1	342.1	292.8
琼中黎族苗族自治县	1446.8	1862.2	1382.9	1065	824.8	701
白沙黎族自治县	898	1186	847.5	628.4	467.3	386.2
文昌市	782.6	990.1	753.7	594	471.7	407.4
合计	982.1	1278.7	933.9	707.5	538.6	452.3

注　各行政分区数据按行政区面积折算。

据龙塘水文站实测资料，最大年平均流量为 296m³/s，相应径流量为 93.3 亿 m³（1973 年）；最小年平均流量为 78.6m³/s，相应径流量为 24.8 亿 m³（1977 年）；多年平均流量为 181m³/s，相应径流量为 57.1 亿 m³（1959—1997 年系列）；最大流量 9300m³/s（2000 年）；最小流量为 1.4m³/s（1976 年）。调查最大流量为 8960m³/s（1928 年）。估算历史最大洪水流量为 13000m³/s（1772 年）。

（2）地下水资源量。南渡江流域多年平均地下水资源可开采量为 15.29 亿 m³，其中平原区为 6.16 亿 m³，山丘区为 9.13 亿 m³。

（3）水资源总量。南渡江流域多年平均水资源总量为 69.45 亿 m³，其中地表水资源量为 69.07 亿 m³，地下水资源与地表水资源不重复量为 0.38 亿 m³。

1.1.6.3 洪水

南渡江流域的较大洪水一般出现在 7—10 月，尤以 9—10 月为多。洪水具有涨率大、来势迅猛、峰高量小、过程尖瘦的特点。流域洪水主要来自澄迈以上，下游防洪控制站点龙塘站实测最大洪峰流量为 9300m³/s（2000 年），最大还原洪峰流量为 10300m³/s（1963年），调查历史洪水最大洪峰流量为 14000m³/s（1911 年）。

据史料记载，自明弘治十三年（1500 年）至 1950 年 4 月海南解放，南渡江下游发生较大洪水 70 余次，平均每 7 年发生 1 次，其中以 1772 年、1864 年和 1585 年洪水为甚，按定城西门估算水位，排列依次为 1772 年（21.0m）、1864 年（20.5m）、1585 年（20.0m）、1621 年（19.7m）、1653 年（19.5m）、1897 年（19.0m）、1894 年（18.5m）、1928 年（18.4m）。

中华人民共和国成立以来，南渡江下游龙塘水文站处出现流量超过 5000m³/s 的年份有 10 个，按龙塘站实测流量大小依次排列为 2000 年（9300m³/s）、1954 年（8480m³/s）、1958 年（7550m³/s）、1963 年（6380m³/s）、1957 年（6360m³/s）、1996 年（6280m³/s）、1978 年（6050m³/s）、1970 年（5840m³/s）、1976 年（5540m³/s）、1977 年（5260m³/s），平均每 5 年发生 1 次较大洪水灾害。1996 年 9 月 18—21 日，受 9618 号台风影响，南渡江流域普降特大暴雨，上游降雨量为 250～600mm，中游为 250～450mm，下游为 300～580mm。中、下游暴雨中心位于河口段及大塘河，其中龙塘为 573mm（最大日降雨量 324mm），澄迈为 438mm（最大日降雨量 323mm），三滩为 313mm（最大日降雨量 188mm）。南渡江下游出现较大洪水：金江水位为 30.95m，超警戒水位 2.25m；定安水位为 18.19m，超警戒水位 2.35m，相应流量为 6700m³/s；龙塘水位为 14.72m，超警戒水位 2.38m，相应流量为 6280m³/s；海口潮水位达 2.72m。海口、澄迈、定安位于南渡江岸边，由于未建设堤防，致使洪水泛滥成灾，直接经济损失达 19 亿元，其中海口市（未含原琼山）直接经济损失达 11 亿元。

南渡江流域河口段和出海口沿海地区风暴潮灾害亦经常发生，特别是海口美兰、龙华及琼山区等地常遭风暴潮侵害。民国三十七年（1948 年）9 月 27 日，第四号飓风使海口潮位站出现最高潮位 2.514m，为 20 世纪最大风暴潮位。市郊房屋倾覆，仅剩断垣；国立高农职校舍、国立侨中校舍倒塌；水巷口、新民路和军医营养厂房屋倒塌压死人数 30 人以上，数艘轮船被风卷走、搁浅沙滩或抛上岸，数百渔船和三艘海关检查船被打坏，郊外白沙乡检获浮尸百余具，货物行李四处漂浮，牲畜淹死不计其数。

1.1.6.4 泥沙

南渡江流域上、中游地区森林茂密，植被良好，四季常青，水土流失轻微。据龙塘水文站和三滩水文站泥沙观测资料，实测多年平均悬移质输沙量为 36.5 万 t，松涛等大中型水库建库前年均输沙量为 84.5 万 t，1971 年龙塘建坝后年均输沙量为 26.1 万 t。

南渡江干流下游龙塘站年平均含沙量呈减少趋势，近期（1980—2000 年）多年平均含沙量比早期（1956—1979 年）偏少 44%，输沙量偏少 47%。龙塘站上游南渡江支流龙州河三滩站，近期（1980—2000 年）多年平均含沙量比早期（1956—1979 年）偏多 8％。1970 年以前，龙塘站和三滩站年平均含沙量比较接近，1970 年以后，龙塘站年平均含沙量明显少于三滩站，其原因是 1970 年上游 169km 处建成松涛水库，控制面积为 1496km²，1958 年后陆续修建了一批中小型蓄水工程，控制面积在 685km² 以上，占龙塘站集水面积的 31％，另 1970 年 1 月在龙塘站下游 1.2km 处建成拦河坝，坝上水流速度减慢，含沙量变小，水流平稳时，受大坝调节后含沙量更小。

1.1.6.5 潮汐

潮汐类型有不正规日潮、不正规半日潮和正规日潮三种类型，从东营至后海为不正规日潮，东营以东为不正规半日潮，后海以西为正规日潮。

南渡江出海口沿岸海甸岛以西至澄迈湾（含海口湾、秀英港）平均潮差为 1.0～1.5m；海甸岛北部以东至铺前湾平均潮差在 1.0m 以下。最大潮差：海甸岛以西为 2.5～3.0m，海甸岛北部以东为 2.0～2.5m。平均涨潮历时比落潮历时长 2h，实测天文潮最高潮位为 1.46m（85 国家高程系，下同），实测风暴潮最高潮位为 3.33m（1948 年），最低潮位为 −0.98m；实测风暴潮最高潮位的最大增水为 2.5m（1981 年）。

1.1.7 水土流失

海南省地处热带，光热资源丰富，雨量充沛，有利于植被生长，四季常绿，生态环境状况整体较好，但局部土壤构造与坡度变化明显，地区水土流失严重。据 2000 年 10 月全国第三次土壤侵蚀遥感调查结果显示，海南省水土流失面积为 437.77km²，占全省土地总面积的 1.29％。其中，水力侵蚀 207.42km²，占 47％；风力侵蚀 230.35km²，占 53％。按定安、屯昌、澄迈、白沙、琼中及海口市三分之二行政区范围计，南渡江流域水土流失面积 39.20km²，以水力侵蚀为主，约占 80％。

土壤侵蚀形式以沟蚀的危害较为严重，由于降雨量多、强度大，侵蚀沟下切深度大，形成冲沟的沟壁向两侧扩展速度快，侵蚀量极大。南渡江流域土壤侵蚀严重的区域主要分布在海口市的鸭程溪、澄迈县的黄龙岭山口溪一带等水土流失区。水土流失区内侵蚀沟纵横密布，沟蚀密度高达 5.1km/km²，侵蚀沟下切最大深度为 29m，侵蚀模数为 11030t/(km²·a)。

1.2 社 会 环 境

1.2.1 行政区划

南渡江流域行政区划涉及定安县、屯昌县、海口市、儋州市、琼中黎族苗族自治县、澄迈县、临高县、白沙黎族自治县和文昌市共 9 个市县，流域面积为 7033km²，约占海南岛面积的 21％。

1.2.2 社会经济

以 2014 年海南省统计年鉴为基准，按行政区在南渡江流域内面积占行政区面积的比例，同时考虑行政驻地位置是否在南渡江流域内，计算各行政区在南渡江流域内的户籍人口、国民经济发展情况。2014 年南渡江流域内总人口 270.4 万人（表 1.4），占全省总人

口的 29.5%，人口密度为 384 人/km²，高于全省平均人口密度；流域内生产总值 1245.7
亿元，占全省的 40.8%，人均 GDP4.61 万元，略高于全省 3.89 万元的平均水平，其中
第三产业占比最高，占流域 GDP 的 61.2%。

表 1.4 南渡江流域人口变动情况 单位：万人

分 区	2014 年	2013 年	2012 年	2011 年	2010 年
海口市	126.9	125.3	124.0	124.6	123.1
定安县	27.6	27.4	27.2	27.4	27.2
屯昌县	27.5	27.8	27.3	27.3	26.9
澄迈县	46.8	45.9	45.7	45.5	45.0
临高县	11.1	11.0	10.9	10.8	10.6
儋州市	15.5	15.3	15.2	16.1	15.8
琼中黎族苗族自治县	4.0	4.0	4.0	4.0	3.9
白沙黎族自治县	11.0	11.0	11.3	11.5	11.5
合计	270.4	267.7	265.6	267.2	264

1.2.3 拦河工程现状

根据《南渡江流域综合规划》（修编），南渡江干流共分六梯级开发：

第一梯级为松涛水库，这一级共 17 座电站，已建 14 座（包括南丰坝后电站和反调节
的南茶电站）。此外，松涛灌区渠道上还有 15 座利用跌水修建的水电站。

第二梯级为迈湾水库，该工程仅完成可行性研究报告。

第三梯级为谷石滩水库，谷石滩水电站位于迈湾规划坝址下游约 25km，电站正常蓄
水位为 52.5m，装机容量为 6400kW，水库回水长度约 15km。

第四梯级为九龙滩水坝，已建东岸、西岸水电站各 1 处。其中，九龙东水电站总装机
3.8MW，已装机 3.2MW，待扩容 0.6MW；九龙西水电站年发电量约 0.1781 亿 kW·h，
已装机的年发电量为 0.15 亿 kW·h，待扩容的年发电量为 0.0281 亿 kW·h。

第五梯级为东山闸坝，东山闸坝位于海口市东山镇上游南渡江干流东山镇上游约
400m，闸坝正常蓄水位为 15.0m，东山坝址上游约 200m 处规划建设东山泵站，工程级
别为 2 级，设计流量为 13.2m³/s，设计运行水位为 13.96m，设计洪水位为 23.74m。目
前该工程已获批，并于 2015 年年底开工。

第六梯级为龙塘滚水坝。龙塘滚水坝距南渡江河口约 26km，正常蓄水位为 7.5m，水
电站布置在滚水坝两岸，设计总装机容量为 6.125MW，多年平均发电量为 2850 万 kW·h。

南渡江干流各梯级基本情况见表 1.5，纵剖面示意图如图 1.2 所示。

根据实际调查，九龙滩水电站与东山闸坝之间还有金江水电站虽未纳入规划，但实际
已经建成并投入运行。金江水电站正常蓄水位为 27.7m，总库容为 3750 万 m³。水电站装
机容量为 5.0MW，多年平均发电量 1730 万 kW·h。

南渡江干流已建的水利工程中，除松涛水库为大型工程外，其他梯级均为径流式小
电站。

表 1.5 南渡江干流各梯级基本情况

项 目	梯 级 名 称						
	松涛	迈湾	谷石滩	九龙滩	金江	东山	龙塘
距河口距离/km	205	152	127	114	93	68	26
开发任务	灌溉防洪发电	供水防洪发电	供水发电	发电	发电	供水	灌溉供水发电
流域面积/km²	1496	2466（970）	2627（1131）	3039（1543）	2226	4325（2829）	6841（5345）
多年平均来水量 /亿 m³	14.99	（9.33）	（10.8）	（15.07）	23.77	45.4 （27.96）	70.95 （52.56）
正常蓄水位/m	188.23	115.0	57.0	40.7	27.7	15	7.5
坝顶高程/m	195.33	120.5	62.0	40.7	27.7	15	7.5
最大坝高/m	80.1	72.5	23.0	14.0	4	5	5.5
装机容量/MW	44.85	75.0	9.6	5.4	5	—	6.125
年平均发电量 /（亿 kW·h）	1.7964	1.169	0.35	0.2281	0.173		0.285
调节性能	多年	季		日			
建成时间	1970 年	可研	2009 年	1976 年/待扩	2013 年	在建	1970 年

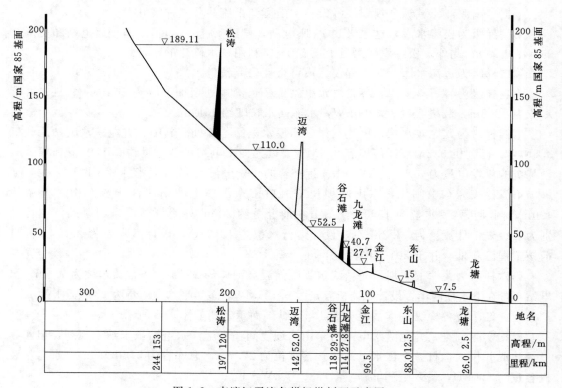

图 1.2　南渡江干流各梯级纵剖面示意图

松涛水库位于儋州市，是南渡江流域开发最早的大型水利枢纽工程，以灌溉为主，兼有发电、防洪、供水等综合效益。工程于 1958 年动工，1968 年大坝竣工，灌区工程于 1969 年基本建成投入运用，1970 年工程验收。松涛水库具有多年调节性能，控制流域面积为 1496km^2，多年平均径流量为 16.22 亿 m^3，总库容为 33.45 亿 m^3，正常蓄水位为 190.0m（秀英高程，1985 国家高程基准为 189.11m），正常蓄水位以下库容为 25.95 亿 m^3，死水位为 165.0m，死库容为 5.12 亿 m^3。工程设计灌溉面积为 205 万亩，2004 年年底实灌面积为 128.48 万亩，年总供水量约 13 亿 m^3。除遇较大洪水时有少量泄入本流域外，平时将水量跨流域引至琼北地区供松涛灌区使用。松涛水库是琼北、琼西北干旱区的重要灌溉水源工程，也是儋州市城乡和洋浦经济开发区可靠的生活、生产用水水源工程，工程的发电效益也较显著。同时，水库的滞洪作用也减轻了下游地区和海口市的防洪压力，在改善生态环境方面起着重要作用。因此，松涛水库对海南的经济、社会、环境建设与发展做出了巨大的贡献，是海南省举足轻重的水利工程基础设施。

南渡江中游建有谷石滩水电站和九龙滩径流水电站。下游建有金江水电站和龙塘滚水坝。未列入规划的金江水电站已经建成投入运行。此外，南渡江流域各支流上已建有中型水库 13 宗，总库容为 3.61 亿 m^3；小（1）型水库 54 宗，总库容为 1.65 亿 m^3。

1.2.4 水功能区划

南渡江干流共划分 4 个一级水功能区，各水功能区信息见表 1.6、图 1.3。

表 1.6　　　　　　　　　　　南渡江各水功能区信息表

一级水功能区名称	二级水功能区名称	范　围		长度 /km	面积 /km^2	水质目标
		起始断面	终止断面			
南渡江源头水保护区		源头	福才水文站	97		Ⅰ
南渡江松涛水库保护区		福才水文站	松涛水库坝址	40	130.5	Ⅱ
南渡江中游松涛水库、九龙滩保留区		松涛水库坝址	九龙滩水坝	83		Ⅱ
南渡江下游澄迈、海口开发利用区	南渡江澄迈饮用水源区	九龙滩水坝	金江镇	15		Ⅱ
	南渡江澄迈工业、农业用水区	金江镇	东山镇	32		Ⅱ
	南渡江定安饮用、工业用水区	东山镇	定城镇	11		Ⅱ
	南渡江琼山农业用水区	定城镇	美仁坡乡	18		Ⅲ
	南渡江海口饮用水源区	美仁坡乡	龙塘水坝	10		Ⅱ
	南渡江琼山工业、农业、渔业用水区	龙塘水坝	灵山镇	17		Ⅲ
	南渡江海口景观娱乐、渔业用水区	灵山镇	入海口	10.8		Ⅲ

1.2.5 生态功能区划

根据《全国生态功能区划（修编版）》（环境保护部、中国科学院，2015 年 11 月），南渡江流域上游源头地区涉及"Ⅰ-02-18 海南中部生物多样性保护与水源涵养功能区"，

保护区 保留区 缓冲区 开发利用区

南渡江下游澄迈、海口开发利用区

九龙滩坝址

南渡江松涛水库保护区

南渡江中游松涛水库、九龙滩保留区

松涛坝址

N

10 20 km

福才水文站

南渡江源头水保护区

图 1.3　南渡江干流一级水功能区划分示意图

中下游涉及 "Ⅱ-01-27 海南环岛平原台地农产品提供功能区"，见图 1.4。其中，海南中部生物多样性保护与水源涵养功能区属重要生态功能区。

海南中部生物多样性保护与水源涵养功能区：该区位于海南省中部，行政区主要涉及海南省白沙、昌江、东方、乐东、三亚、保亭、陵水、万宁、五指山、琼中、琼海和儋州，面积为 11206m²。该区植被类型主要有热带雨林、季雨林和山地常绿阔叶林，区内生物种类极其丰富，其中特有植物多达 630 种，国家一、二类保护动物 102 种，是我国生物多样性保护的重要区域。此外，该区是海南三大河流（南渡江、昌化江、万泉河）的发源地和重要水源地，具有重要水源涵养和土壤保持的功能。

主要生态问题：天然森林遭受严重破坏，野生动植物栖息地减少，水源涵养能力降低，局部地区水土流失加剧。

生态保护主要措施：加强自然保护区建设和监管力度，扩大保护区范围；禁止开发天然林；坚持自然恢复，实施退耕还林，防止水土流失，保护生物多样性和增强生态系统服务功能。

1.2.6　生态保护红线

根据《海南省人民政府关于划定海南省生态保护红线的通告》（琼府〔2016〕90 号），海南省依据生态资源特征和生态环境保护需求，划定陆域生态保护红线总面积为

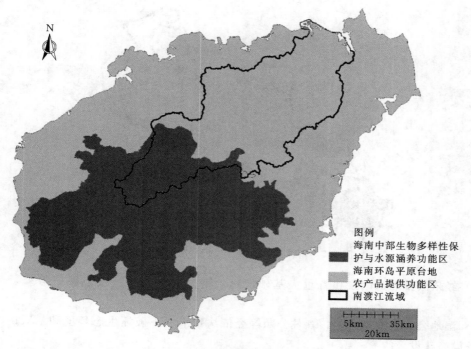

图 1.4　南渡江流域生态功能区划

11535km²，占陆域面积的 33.5%，划定近岸海域生态保护红线总面积为 8316.6km²，占海南岛近岸海域总面积的 35.1%。在空间上基于山形水系框架，以中部山区的霸王岭、五指山、鹦哥岭、黎母山、吊罗山、尖峰岭等主要山体为核心，以松涛、大广坝、牛路岭等重要湖库为空间节点，以自然保护区廊道、主要河流和海岸带为生态廊道，形成"一心多廊、山海相连、河湖相串"的基本生态红线保护格局。

　　根据南渡江流域范围及生态红线保护区叠图，南渡江流域内生态红线保护区主要分布在上游源头区域，见图 1.5。

　　根据《海南省生态保护红线管理规定》，对两类生态保护红线区管控原则如下：

　　（1）Ⅰ类生态保护红线区。

　　除下列情形外，Ⅰ类生态保护红线区内禁止各类开发建设活动。

　　1）经依法批准的国家和省重大基础设施、重大民生项目、生态保护与修复类项目建设。

　　2）农村居民生活点、农（林）场场部（队）及其居民在不扩大现有用地规模前提下进行生产生活设施改造。

　　（2）Ⅱ类生态保护红线区。

　　Ⅱ类生态保护红线区内禁止工业、矿产资源开发、商品房建设、规模化养殖及其他破坏生态和污染环境的建设项目。

　　确需在Ⅱ类生态保护红线区内进行下列开发建设活动的，应当符合省和市、县总体规划。

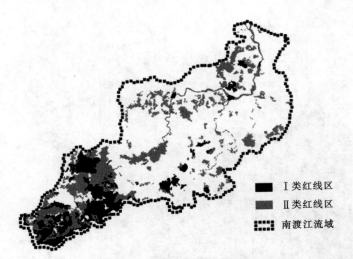

Ⅰ类红线区
Ⅱ类红线区
南渡江流域

图1.5　南渡江流域生态保护红线范围示意图

1）经依法批准的国家和省重大基础设施、重大民生项目、生态保护与修复类项目建设。

2）湿地公园、地质公园、森林公园等经依法批准、不破坏生态环境和景观的配套旅游服务设施建设。

3）经依法批准的休闲农业、生态旅游项目及其配套设施建设。

4）经依法批准的河砂、海砂开采活动。

5）军事等特殊用途设施建设。

6）其他经依法批准，与生态环境保护要求不相抵触，资源消耗低、环境影响小的项目建设。

水文及河流物理结构

　　水生生境是水生生物的个体、种群或群落赖以生存的物质环境总和，其中包括必需的生存条件和其他对生物起作用的生态因素。受人类活动影响而被改造的生境变化是对水生生物群落变化的重要干扰之一，通过对南渡江流域水生生境的踏勘调查，了解河流生境现状及人类活动的干扰程度，调查方法包括水文数据收集、现场查勘、遥感数据分析等。

2.1　调　查　方　法

2.1.1　水文水资源

　　南渡江流域从上游至下游的水文（位）站有福才、白沙、细水、南丰、亲足口（松涛水库）、加烈、金江、三滩、定安、龙塘、海口。

　　南渡江流域各水文（位）站基本情况如下：

　　（1）福才、白沙、细水3站为松涛水库的入库站，建于1958年、1959年；1977年后，细水站撤销，白沙改为汛期水文站。

　　（2）松涛水库南丰站1963年设立，观测松涛水库水位、南丰电站尾水渠流量等。

　　（3）亲足口（松涛水库）站于1956年设立，1959年松涛水库始建后，测导流洞出流及库水位，1967年溢洪道建成后，设溢洪道引水渠测流断面，即松涛水库坝下站。

　　（4）加烈站于1955年设立为水位站，1956年改为水文站，1966年6月又恢复为水位站，1975年撤销。

　　（5）金江水位站1975年设立，是加烈站撤销后的替代站。

　　（6）三滩水文站是支流龙州河（又称新吴溪）的控制站，1956年设立。

　　（7）定安水文站于1946年设立，1954年改为水位站。

　　（8）龙塘站1954年设立为基本水文站，1970年在水文站测流断面下游约1200m处建成龙塘滚水坝，低水时增设坝下测流断面，施测水位和流量，1971—1979年测流量断面设在龙塘滚水坝下游，所测流量未包括灌溉引走水量，1980年测流断面改在基本水尺断面处。2008年与珠江水利委员会共建共管建成过江测流缆道。龙塘水坝以灌溉和发电为主要任务，1995年在左岸建成抽水泵站，抽水供应海口，现状年提水量为1.3亿 m³。

（9）海口潮位站于 1932 年由海口海关设立为水位站，在海关仓库前码头旁设尺观测，观测南渡江出口的西水道潮水位，1952 年停测，1960 年底由海南水文分站恢复设站，1961 年 8 月迁往上游 380m 海口至海甸渡口码头处观测，改为海口（二）站，1970 年迁往下游 40m 处改为海口（三）站，其中 1967—1973 年只在汛期观测，1973 年 7 月起恢复全年观测至今，水文年鉴自 1974 年起进行潮位资料刊印，本书采用 1974—2010 年的系列资料。

南渡江各水文（位）站点情况见表 2.1。

表 2.1 南渡江水文（位）站点情况

站名	设站类别	所在河流	设站时间	控制面积 /km²	水位资料年限	流量资料年限	泥沙资料年限
福才	水文站	南渡江	1958 年 11 月	508	1959 年至今	1959 年至今	—
白沙	水文站	南叉江	1959 年 4 月	75.3	1959 年至 1977	1960 年至 1977	—
					1978 年至今（汛期）	1978 年至今（汛期）	
细水	水文站	南湾河	1959 年 4 月	144	1959 年至 1977	1960 年至 1977	
南丰	水文站	南丰渠道	1963 年 2 月		1963 年至今	1963 年至今	
亲足口（松涛水库）	水文站	南渡江	1956 年 9 月	1496	1956 年至今	1956 年至今	1958—1959 年
加烈	1966 年恢复为水位站	南渡江	1955 年 5 月	3081	1955—1974 年	1956 年至 1966 年	1958—1959 年
金江	水位站	南渡江	1975 年 1 月	3717	1975 年至今	—	
三滩	水文站	龙州河	1956 年 8 月	1178	1956 年至今	1956 年至今	1957 年至今
定安	1954 年由水文站改为水位站	南渡江	1946 年 1 月	5758	1946—1948	1946—1948	—
					1950 年至今	1950—1954	
龙塘	水文站	南渡江	1954 年 6 月	6841	1954 年至今	1955 年至今	1956 年至今
海口	潮位站	南渡江	1932 年		1932—1951		—
					1960 年至今		

上述各站资料已经审查、整编、刊印，资料精度较高，可直接采用。

考虑数据的可获得性，本书采用龙塘断面的水文数据进行水文水资源指标的计算。

2.1.2 河流连通性

河流连通性主要调查评价河流因为闸坝阻隔等原因对鱼类等生物物种迁徙及水流与营养物质传递阻隔的影响。因此该指标调查以遥感分析为主，分析各个评价河段闸坝数量与分布情况；同时结合现场查勘与资料搜集，了解鱼道设置及其运行情况。

2.1.3 河岸带状况

南渡江河流形态调查采用《中国湖泊健康评价指标、标准与方法》（2011 年）和《水生态调查与评价指标、标准与方法》（1.0 版）中的方法，结合实际情况，设计河流健康试点评价河岸带调查表见表 2.2。具体说明如下：

（1）灰底色单元格为不可修改部分，填写表格时仅针对白底色单元格填写。

表 2.2　河流健康试点评价河岸带调查表

| 评价水体 | | | | | | 填表人 | | | | | | | | |
| 水功能区 | | | | | | 调查时间 | | | | | | | | |
评价指标	二级指标	岸坡特征	稳定(90)	基本稳定(75)	次不稳定(25)	不稳定(0)	调查点1 经度(E) 左岸	纬度(N) 右岸	调查点2 经度(E) 左岸	纬度(N) 右岸	调查点3 经度(E) 左岸	纬度(N) 右岸	调查点4 经度(E) 左岸	纬度(N) 右岸
河岸稳定性(BKS)		斜坡倾角/(°)(<)	15	30	45	60								
		植被覆盖度/%(>)	75	50	25	0								
		岸坡高度/m(<)	1	2	3	5								
		河岸基质(类别)	基岩	岩土河岸	黏土河岸	非黏土河岸								
		坡脚冲刷强度	无冲刷迹象	轻度冲刷	中度冲刷	重度冲刷								
河岸植被覆盖度(RVS)		植被特征	植被稀疏	中度覆盖	重度覆盖	极重度覆盖								
		乔木(TCr)/%	0~10	10~40	40~75	>75								
		灌木(SCr)/%	0~10	10~40	40~75	>75								
		草本(HCr)/%	0~10	10~40	40~75	>75								
		人类活动类型		赋分										
河岸带人工干扰程度(RD)		河岸硬性砌护		−5										
		采砂		−40										
		沿岸建筑物(房屋)		−10										
		公路(或铁路)		−10										
		垃圾填埋场或垃圾堆放		−60										
		河滨公园		−5										
		管道		−5										
		农业耕种		−15										
		畜牧养殖		−10										

（2）"评价水体"一栏根据所调查的试点水体，选择"南渡江"。

（3）"评价水功能区"一栏根据附表中一级水功能区名称填写。

（4）"调查时间"为"年．月．日"型，如 2014.05.26。

（5）"填表人"填写个人姓名。

（6）考虑到南渡江调查点左右岸情况可能差别较大，故实际调查中按左右岸分别调查填写。

（7）调查范围横向为河岸线向陆域一侧 30m 以内，纵向为调查点上下游视野范围。

（8）定性化调查指标（如河岸基质）直接填写所属类别，赋予相应分值；定量化指标（如植被覆盖度）则根据实际调查结果，通过差值计算相应分数。

（9）为尽量减少调查人员主观因素造成的误差，每个调查点位表均应至少由两人填写，若两人定性化指标调查选项相同，或定量化指标调查结果相对误差小于 10%，则属有效调查，其估算结果取定性化指标的相同选项或定量化指标调查结果的平均值；否则视为无效调查，应予以重新调查，邀请第三人共同判定。

2.2　水　文　水　资　源

根据《海南省水资源综合规划》确定以龙塘为生态流量控制节点，南渡江生态基流为 20m³/s，并规定产卵盛期和非产卵盛期的生态流量分别为 60m³/s、48m³/s，《南渡江流域综合规划（修编）环境影响报告书》认为规划提出的生态基流偏小，建议调整为 22.5m³/s。南渡江（龙塘节点）生态流量见表 2.3。

表 2.3　　　　　　　　　　　　南渡江（龙塘节点）生态流量

生　态　流　量	流量/（m³/s）
多年平均流量（1956—2008 年系列）	225
生态基流	22.5
适宜生态流量	60（产卵盛期 3—7 月）
	48（非产卵盛期 8 月至次年 2 月）
敏感对象保护	36（保护对象花鳗鲡）

通过收集南渡江龙塘节点长序列水文资料（1956—2013 年），（见图 2.1、图 2.2）评

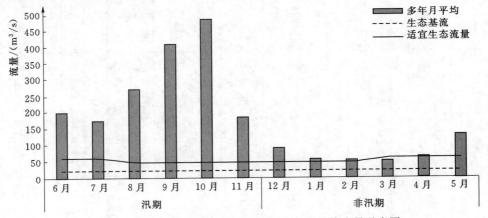

图 2.1　南渡江龙塘节点（1956—2013 年）月均流量示意图

价南渡江水文水资源状况。从多年水文数据来看，南渡江汛期的生态基流和适宜生态流量满足程度较高，非汛期适宜生态流量满足程度较低（见图 2.2）。

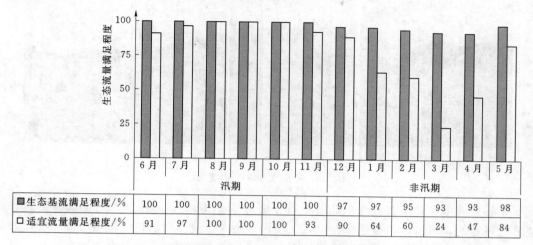

	6 月	7 月	8 月	9 月	10 月	11 月	12 月	1 月	2 月	3 月	4 月	5 月
■ 生态基流满足程度/%	100	100	100	100	100	100	97	97	95	93	93	98
□ 适宜流量满足程度/%	91	97	100	100	100	93	90	64	60	24	47	84

图 2.2　南渡江龙塘节点（1956—2013 年）生态流量满足程度

2.3　水生生境现状

为掌握南渡江沿岸水生生境现状，本书编委会成员于 2014 年 8 月期间，对南渡江自松涛水库至河口 300 多 km 河段进行了走访调查，重点关注沿程水生生境、人工拦河建筑，并对沿岸居民及渔民进行了采访，了解公众对南渡江沿岸环境质量的满意程度。

2.3.1　松涛水库

松涛水库位于南渡江上游，大坝位于南渡江亲足口峡谷，坝高 80.1m。坝址以上集水面积为 1496km²，占南渡江总流域面积的 20.8%。松涛水库总库容为 33.45 亿 m³，正常库容为 25.95 亿 m³，死库容为 5.12 亿 m³，多年平均入库流量为 52.83m³/s，多年平均入库总水量为 16.66 亿 m³，水库最高洪水位为 195.3m，正常水位为 190m，死水位为 165m，正常蓄水位时水库水面面积达 130.5km²，库岸线为 544km。

松涛水库是以灌溉为主，结合发电、供水、防洪、渔业、航运等的综合利用工程。目前，在枢纽的运行调度过程中，除遇较大洪水时有部分水量泄入本流域外，平时将大部分水量跨流域引至琼北地区供松涛灌区使用。因此基本可认为松涛水库一定程度上把南渡江上游及中下游划分为两个相对孤立的水生态单元。

松涛水库水位变化频繁，库周沿岸因此形成较明显的消落带，水生植被及底栖动物分布较少。水库中渔业资源丰富，但正受到捕捞、水质变化、水利工程等影响威胁，其中受影响的典型物种为大鳞白鲢（*Hypophthalmichthys harmandi*）。该区域的主要江段生境状况如图 2.3 所示。

2.3.2　松涛水库坝下至金江坝址

该江段长约 120km，中间有谷石滩水电站及九龙滩水电站，河床底质为沙土、石块、

松涛水库坝前　　　　　　　　　　　　番加洋库区

图 2.3　松涛水库水生生境现状

礁石。谷石滩水电站及九龙滩水电站坝高分别为 23m 和 14m，在较大洪水期鱼类的洄游通道是畅通的，河流也为自然流态，该江段可以为产漂流性卵的鱼类提供产卵场所，如草鱼、鲢、鳙、黄尾鲴等；同时该江段为山谷生境，分布有礁石，部分河段流态紊乱，也可为产粘沉性卵的鱼类提供产卵场所，如倒刺鲃、光倒刺鲃、斑鳠、大鳍鳠等。该区域的主要江段生境现状如图 2.4 所示。

松涛水库坝下　　　　　　　　　　　　谷石滩水电站

谷石滩水电站库尾　　　　　　　　　九龙滩水电站库区

图 2.4　松涛水库坝下至金江坝址生境现状

2.3.3 金江坝址到东山干流江段

该江段长约30km，河流底质主要为细沙及鹅卵石，河床较为平坦，也有一些沙洲；除东山水坝7.3km的洄水区外，还有22.7km的河段为自然河段，保持自然流态。洪水期，随着流量增大，这些江段流态复杂，可形成漩涡，为产粘沉性卵的鱼类提供产卵场所，如黄颡鱼、光倒刺鲃、须鲫、鲤等。该区域的主要江段生境现状如图2.5所示。

金江水电站

金江水电站坝下

定安江段

东山坝址上游

图2.5 金江坝址到东山干流江段生境现状

2.3.4 东山水坝至河口

该江段长约70km，河床底质主要为细沙，河道较宽，水流比较缓。龙塘坝下江段受潮汐影响明显，每天水位有涨落变化。河口地带咸淡水交汇，是南渡江淡水鱼类重要的索饵场所。在洪峰期，流量非常大情况下，河口会发生漫堤，河面大面积拓展，有利于鱼类的繁殖和索饵。该区域主要江段的生境现状如图2.6所示。

2.3.5 重要支流

重要支流大塘河、龙州河、巡崖河生境现状如图2.7所示。

（1）大塘河位于澄迈县城上游，与干流汇合口距离东山坝址上游约30km；河口以上10km处有一处灌溉引水的滚水坝，坝下至干流具自然河流流态，河流底质以泥沙和砾石为主。下游河口段河流较宽阔，河中分布有大量河滩地，可为鱼类栖息和繁殖提供良好环境。但该河流存在采沙活动，河床受到一定程度的影响。

（2）龙州河位于定安县城上游，与干流汇合口距离东山坝址下游约7km；河口以上14km处有一处灌溉引水的滚水坝。坝下为自然河段，河流底质以泥沙和砾石为主。该河

龙塘坝下

灵山镇江段

海口上游江段

南渡江河口

图 2.6   东山水坝至河口生境现状

大塘河

龙州河

巡崖河

图 2.7   重要支流大塘河、龙州河、巡崖河生境现状

段生态保护较好，河口段分布有大量河滩地，两岸有水草，可为鱼类的栖息和繁殖提供良好的环境。

（3）巡崖河位于定安县城下游，靠近河口处约 1km 处建有水坝（金门水电站），闸坝回水造成所在河段水流较缓，基本为静水区域；闸坝的存在对干支流的河流连通性造成一定的影响。中下游河道较窄，约 50m；河流底质为泥沙。

2.4 河流连通性

根据现状调查结果，南渡江河口至松涛水库之间已建有龙塘、东山（在建）、金江、九龙滩、谷石滩、松涛共 6 个梯级（图 2.8）。其中，松涛水库是海南岛最早的大型水利

（a）松涛水库

（b）谷石滩水电站

图 2.8（一）　松涛水库至南渡江入海口各梯级情况

溢流坝,径流式电站
上行通道不畅通

（c）九龙滩水电站

翻板闸坝,径流式电站
水头较低
上行通道不畅通

（d）金江水电站

图 2.8（二）　松涛水库至南渡江入海口各梯级情况

径流式电站,水头较低
配套仿生态过鱼通道

（e）东山水利枢纽（在建）

溢流坝,无调节
水头较低
上行通道不畅通

（f）龙塘闸坝

图 2.8（三） 松涛水库至南渡江入海口各梯级情况

枢纽，除遇较大洪水时有少量水量泄入本流域外，平时将大部分水量跨流域引至琼北地区供松涛灌区使用，因此可以认为松涛水库基本把南渡江流域上游和中下游隔离，上下游水生态系统仅在极少数情况下有下行交流。

从松涛水库以下各个梯级的功能及运行情况来看，中下游各闸坝均为无调节的径流式枢纽，对河流流量没有明显的改变；中游的谷石滩和九龙滩水电站均采用溢流坝的形式，坝高分别为 23m 和 14m，因此即使在水位较高的洪水期，闸坝上下游难以恢复连通，上下游的上行通道完全被闸坝阻隔，水生生物的下行通道仅能通过发电机组，这对生物有较大的损伤；中游金江水电站采用翻板闸的形式，坝高较低（4m），较大流量时实现敞泄的频率较高，这也为上下游连通性的恢复提供了可能；下游在建的东山水利枢纽已基本完成了主体工程，枢纽配套建设了仿生态型鱼道，一定程度上维持了河道的连通性；下游出海口的龙塘闸坝采用溢流坝的形式，坝高较低（5m），较大流量时为上、下游连通性的恢复提供了可能。

2.5 河流采砂现状

南渡江河砂资源丰富，采砂行业已有较长历史，从 20 世纪 90 年代初开始有规模的采砂活动，至 90 年代中期达到高峰。受利益驱使，南渡江曾一度出现无序、超量、甚至掠夺性开采河砂的现象。南渡江河道前期无序采砂主要发生在河口段（潭口以下），该河段在上游来水来沙的作用下，本来已经形成相应的河床比降，将水沙输送入海，这是河床和水流自动调整长期作用的结果。但是，随着采砂量迅速增加甚至过量开采，河床形态、河道内的水沙平衡必然遭到破坏，影响水流运动。根据中国水利水电科学研究院的研究资料，南渡江河口段河道比降原为 0.35‰，人为采砂后，至 1995 年河道平均比降已经降至 0.294‰，造成较明显的流速减小。人为在河道内任意采砂，使河道形成不规则断面、河岸易坍塌、河床坑洼不平、糙率增大，转折多，对行洪造成不利影响。南渡江大桥以上的警察学校至美元村段，因过量采砂造成左岸岸坡坍塌 30 余 m（宽度），已危及岸边公路交通和城市输水管道的安全。南渡江大桥上游约 500m 河道分汊处的江心洲，近年来已被开采一空，目前已开始对右汊滩岸大举开采。有关资料表明，近 20 年，因采砂已造成约 500 亩农田被毁。近 10 年间，周边公路河岸段发生了 17 起崩塌事件❶。

南渡江中上游河砂资源相对较少，仅在白沙黎族自治县糖厂、什清阳，澄迈县长岭、西达农场附近有小规模采砂活动，开采量相对较小。中下游澄迈县金江镇山口至定安县城段河道河砂资源丰富，砂质特别优良，所以此段范围内采砂活动规模较大，尤其永发镇公路桥（东山桥）上下游段两岸砂场特别集中。此外，采砂活动相对集中的河段还有：新坡镇新村段、龙塘镇涵泳村至卜史村段、龙塘糖厂至龙塘大坝段，以及在建的南渡江特大桥附近的北姆堆段。东山镇卜校村附近及定安县城附近亦有规模

---

❶ 海南新闻网-南国都市报. 海口南渡江采砂将由无序变有序［EB/OL］. http://news.sina.com.cn/o/2006-08-01/07459621754s.shtml.（2006-08-01）［2014-10-15］.

相对较小的砂场采砂。局部河段过量开采现象较为严重，如新坡镇东山仔村附近河段、龙塘镇涵泳村至卜史村段河床已经严重下切，河水深度分别达到7～8m和十几米。永发镇公路桥上、下游采砂时间相对较短，采深不会大于5m，但部分采砂场处于冲刷岸一侧，采砂场的后缘已挖至阶地前缘，可能会改变河床形态，应予以重视。随着海口市工业与民用建筑的大量兴建，对河砂需求量猛增，尤其靠近城镇的河段已经出现超量、无序地滥采河砂的现象。

根据调查报道，2006年[1]南渡江海口段采砂场有20多家，采砂船有100多艘，每年净采河砂量高达250万m³。2011年[2]，海南省两证（河道采砂许可证和采矿许可证）齐全的采砂场仅64家，而实际存在的采砂场数量远远多于这个数目。澄迈县金江镇到永发镇的江边短短20km多的道路上，分布着10余家采砂场。而在南渡江下游的定安县、海口市新坡镇、龙塘镇等地，同样存在着数十家砂场。南渡江琼山区段共有11家采砂场。东线高速南渡江大桥上下游几百米处有多个采砂场及多台采砂设备[3]。

南渡江河道的采砂活动正在经历从无序到有序，从无章可循到有规可依的过程。从20世纪90年代，南渡江的河口段兴起大规模无证乱采滥挖到2006年6月出台的《南渡江海口段采砂规划》以及2006年9月1日起正式施行的《海南省南渡江生态环境保护规定》都已经对相关河段采砂做出明确的规定，南渡江河道的采砂活动也逐步走上科学、有序的轨道。在《海南省南渡江采砂规划（修编）（2016—2018）》中规定了南渡江的禁采区、可采区和保留区（见图2.9）。

（1）禁采区：本次采砂规划共规划有9个禁采段，总禁采长度95.4km，包括松涛水库上坝公路桥禁采段（长2.6km）、省道S307松涛桥禁采段（长2.5km）、西达至加乐公路桥禁采段（长2.5km）、澄迈县自来水厂新取水点上游3000m至金江水电站拦河坝下游3000m禁采段（长14km）、澄迈县瑞溪镇水厂取水点上游3000m至瑞溪镇-金安农场木桥下游100m禁采段（长3.5km）、澄迈县永发镇中线高速桥上游500m至海口市东升大桥（在建）下游2000m禁采段（长10.5km）、定安县水源保护区禁采区段（长5.3km）、定海大桥禁采区段（长3.5km）、东线高速公路桥（G98定安）至入海口禁采段（长51km）。

（2）可采区：本次采砂规划共规划有10个可采区，包括松涛乡、岸头郑村、大坡村、福隆村、三多村、瑞溪镇、长福村、多侃村、干尾村和文丰村10个可采区，可采砂总量399.1万m³。

（3）保留区：本规划设计保留河段有以下3段：松涛水库上坝公路桥下游1000m至松涛乡可采区（长6.8km）、省道S307松涛桥下游2000m至西达至加乐公路桥上游

❶ 海南经济报.南渡江乱采砂猖獗母亲河流泪到何时［EB/OL］.http：//2004.chinawater.com.cn/news-center/shmt/20050317/200503170052.asp.（2005－03－17）［2014－11－01］.
❷ 新华网.海南非法采砂场泛滥全省仅64家"两证齐全"［EO/OL］.http：//www.xinhuanet.com/chinanews/2011－08/30/content_23579117.htm.（2011－08－30）［2014－10－25］.
❸ 人民网.挖砂猖獗南渡江大桥变"浮桥"专家称不安全［EO/OL］.http：//hi.people.com.cn/n/2012/0316/c231190－16847124.html.（2012－03－16）［2014－10－28］.

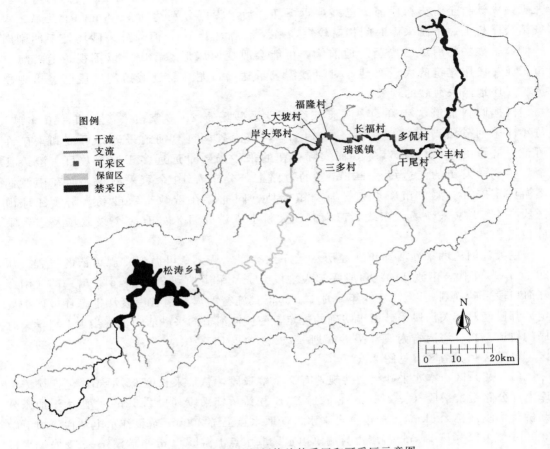

图 2.9　南渡江采砂规划修编禁采区和可采区示意图

500m（长 69.1km）、西达至加乐公路桥下游 2000m 至澄迈县金江镇山口高山朗村段（长 14.2km）。

2.6　河岸带状况

依据河岸带调查方法，对各站点的河岸带现状进行调查，调查结果见表 2.4。

从调查结果来看，南渡江调查站点的河岸带大多数坡度较缓，基本均小于 45°。河岸带植被覆盖程度在上下游存在差异：上游河岸沿途村庄较少，植被覆盖度较高，其中主要以灌木为主，乔木较少；下游河岸分布有村庄城镇，部分河段进行了防洪堤岸固化，河岸多有建筑物分布，植被覆盖较少，其中永发、定安河段还分布有多处采砂作业。

表 2.4　南渡江各站点河岸带状况调查结果

指标	岸坡特征	1 福才 左岸	1 福才 右岸	2 南丰 左岸	2 南丰 右岸	3 九龙 左岸	3 九龙 右岸	4 金江 左岸	4 金江 右岸	5 永发 左岸	5 永发 右岸	6 定安 左岸	6 定安 右岸	8 龙塘 左岸	8 龙塘 右岸	9 南渡江大桥 左岸	9 南渡江大桥 右岸	10 流水坡 左岸	10 流水坡 右岸
河岸稳定性（BKS）	斜坡倾角/（°）（<）	15	15	15	15	15	15	0	0	15	15	45	45	45	45	15	15	15	15
	植被覆盖度/%（>）	75	75	0	0	75	75	0	0	0	0	25	25	0	0	75	75	0	0
	岸坡高度/m（<）	1	1	1	1	2	2	0	0	1	1	3	3	3	3	1	1	1	1
	河岸基质（类别）	非黏土河岸	非黏土河岸	非黏土河岸	非黏土河岸	基岩	基岩	基岩（固化）	基岩（固化）	非黏土河岸	非黏土河岸	非黏土河岸	非黏土河岸	黏土河岸	黏土河岸	黏土河岸	黏土河岸	非黏土河岸	非黏土河岸
	坡脚冲刷强度	无冲刷迹象	无冲刷迹象	轻度冲刷	轻度冲刷	无冲刷迹象	无冲刷迹象	无冲刷迹象	无冲刷迹象	重度冲刷	重度冲刷	无冲刷迹象	无冲刷迹象	重度冲刷	重度冲刷	轻度冲刷	轻度冲刷	中度冲刷	中度冲刷
河岸植被覆盖度（RVS）	乔木（TCr）/%	0~10	0~10	0~10	0~10	0~10	0~10	0~10	0~10	0~10	0~10	0~10	0~10	0~10	0~10	0~10	0~10	0~10	0~10
	灌木（SCr）/%	40~75	40~75	0~10	0~10	40~75	40~75	0~10	0~10	0~10	0~10	0~10	0~10	0~10	0~10	10~40	10~40	0~10	0~10
	草本（HCr）/%	10~40	10~40	0~10	0~10	10~40	10~40	0~10	0~10	0~10	0~10	0~10	0~10	0~10	0~10	40~75	40~75	0~10	0~10
河岸带人工干扰程度（RD）	河岸硬性砌护	无	无	无	无	无	无	有	有	无	无	有	有	有	有	无	无	有	有
	采砂	无	无	无	无	无	无	无	无	无	无	有	有	无	无	无	无	无	无
	沿岸建筑物（房屋）	无	无	无	无	无	无	有	有	有	有	有	有	有	有	无	无	有	有
	公路（或铁路）	无	无	无	无	无	无	有	有	有	有	有	有	无	无	无	无	有	有
	垃圾填埋场或垃圾堆放	无	无	无	无	无	无	无	无	无	无	无	无	无	无	无	无	无	无
	河滨公园	无	无	无	无	无	无	有	有	无	无	无	无	无	无	无	无	无	无
	管道	无	无	无	无	无	无	无	无	无	无	无	无	无	无	无	无	无	无
	农业耕种	无	无	无	无	无	无	无	无	无	无	无	无	无	无	无	无	无	无
	畜牧养殖	无	无	无	无	无	无	无	无	无	无	无	无	无	有	无	无	无	无
	水深/m	0.8		0.5		1		2.55		1.5		0.5		1.5		10		1.7	
	流速/（m/s）	1		0~0.1		0~0.1		0.5		1.2		0.2		0.2		0.2		0.7	
	河宽/m	15.5		/		170		371		213		160		228		1200		423	
	底质	卵石		沙		砾石		沙		沙		沙		石块		泥、沙		沙	

3 水质状况

水质是水生生态系统健康的一个关键属性。河流水质的物理和化学特征是自然过程和人类干扰的综合结果。水质还可以充当水生生物的压力源，水生生物对于短暂的最佳适应范围之外的水质是可忍受的，长期不良水质将会造成生态健康下降。

南渡江总体水质状况良好，基本保持在Ⅲ类水以上，耗氧污染物和重金属含量均处于较低水平。从空间来看，南渡江近河口江段的水质较中上游差。

3.1 调 查 方 法

3.1.1 监测点位布置

为保证与水质常规监测资料的一致性，监测点位参考海口市开展的南渡江常规水质监测方案，对南渡江干流上、下游共10个点位及龙州河、大塘河两条集水面积较大的支流的6个点位进行水质和生物群落监测，同时在松涛水库入库、南丰洋、番加洋库区增加了浮游生物监测点位。

南渡江水质状况及生物群落监测点见表3.1，各监测点位置示意图见图3.1。

表3.1 南渡江水质状况及生物群落监测点

所在河流		站点名称	地理位置		站点所在地址
			经 度	纬 度	
干流	上游	福才	109°27′7.1″E	19°08′47.5″N	白沙县元门乡那吉村
		南丰	109°33′43.5″E	19°28′27.2″N	儋州市南丰镇
	中游	九龙	109°57′46.67″E	19°36′45.02″N	澄迈县九龙电站出水口
		金江	110°0′46.0″E	19°43′40.3″N	澄迈县金江镇
	下游	永发	110°11′43.93″E	19°44′33.70″N	澄迈县永发镇南渡江大桥
		定安	110°18′51.2″E	19°42′15.4″N	定安县定城镇
		西江	110°23′28.84″E	19°49′23.06″N	海口市美仁坡椰子头村
		龙塘	110°24′41.4″E	19°42′15.4″N	海口市琼山区龙塘镇
		南渡江大桥	110°24′35.80″E	19°58′22.04″N	海口市南渡江大桥
		流水坡	110°22′29.91″E	20°02′15.31″N	海口市流水坡南渡江河堤下

续表

所在河流		站点名称	地理位置		站点所在地址
			经　度	纬　度	
支流	龙州河	鹿寨	110°04′28.32″E	19°15′54.88″N	屯昌县南吕镇鹿寨村鹿寨大桥
		龙河	110°11′27.80″E	19°23′08.06″N	定安县龙河镇龙塘桥
		三滩	110°11′04.2″E	19°35′39.4″N	定安县新竹镇三滩村
	大塘河	和岭	109°45′17.71″E	19°33′20.50″N	澄迈县和岭农场
		龙波	109°51′05.44″E	19°44′54.59″N	临高县皇桐镇龙波居委会龙津糖厂
		大塘	109°58′36.32″E	19°42′43.05″N	澄迈县山口乡大塘入南渡江口
松涛水库		白沙水库	109°29′28.82″E	19°15′19.48″N	白沙县那凡村松涛水库库区内
		南丰洋	109°33′23.81″E	19°22′32.75″N	儋州市南丰镇松涛水库库区内
		番加洋	109°38′13.37″E	19°19′47.37″N	儋州市番加村松涛水库库区内

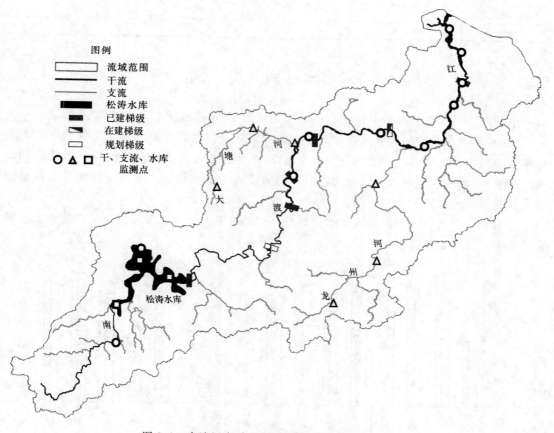

图 3.1　南渡江水质及生物群落监测点位置示意图

3.1.2　水质检测方法

水质采样及分析方法均按相应的标准规范进行，部分指标在 GB 3838—2002《地表水环境质量标准》中的限值见表3.2。

表 3.2 　　　　　GB 3838—2002《地表水环境质量标准》（部分指标）　　　　单位：mg/L

指　　　标	Ⅰ类	Ⅱ类	Ⅲ类	Ⅳ类	Ⅴ类
溶解氧（≥）	7.5	6	5	3	2
高锰酸盐指数（≤）	2	4	6	10	15
化学需氧量（COD）（≤）	15	15	20	30	40
五日生化需氧量（BOD_5）（≤）	3	3	4	6	10
氨氮（NH_3-H）（≤）	0.15	0.5	1	1.5	2
总磷（以P计）≤	0.02（湖库0.01）	0.1（湖库0.025）	0.2（湖库0.05）	0.3（湖库0.1）	0.4（湖库0.02）
总氮（湖、库，以N计）（≤）	0.2	0.5	1.0	1.5	2.0
砷（≤）	0.05	0.05	0.05	0.1	0.1
汞（≤）	0.00005	0.00005	0.0001	0.001	0.001
镉	0.001	0.005	0.005	0.005	0.01
铬（六价）（≤）	0.01	0.05	0.05	0.05	0.1
铅（≤）	0.01	0.01	0.05	0.05	0.1

3.2　水　质　类　别

南渡江水质状况监测结果采用海口市水文局2014年监测成果，全年共12测次。

从2014年水质监测成果来看，南渡江各监测站点在大部分测次均能达到相应的水质标准（见图3.2）。其中，南渡江干流上游的福才站点达标次数较低，因为其水质目标较高（Ⅰ类），而其水质现状大部分为Ⅱ类，仍为较高的水质等级。支流龙州河、大塘河的水质类别达标情况较干流差。

总的来看，南渡江中上游水体质量较高，保持在Ⅱ类以上；下游接近河口段水质相对有所下降，保持在Ⅲ类。

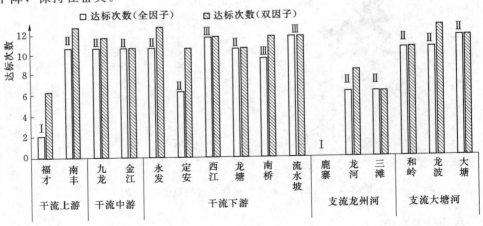

图 3.2　各监测站点水质达标情况

注：图中罗马字为该站点水质目标。

3.3 溶 解 氧

南渡江各监测站点的溶解氧浓度为5.82～8.81mg/L（见图3.3），各站点的溶解氧含量在Ⅱ类水以上。

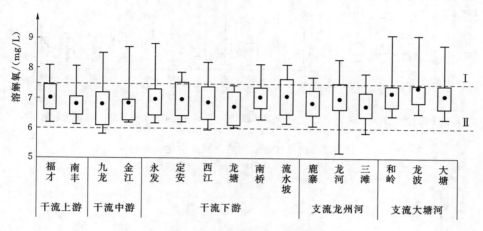

图3.3 南渡江各监测站点溶解氧浓度
注：图中圆点为平均值；虚线为各水质类别限值。

3.4 耗 氧 污 染 物

从监测成果来看，南渡江的耗氧污染物浓度处于较低水平，高锰酸盐指数（图3.4）、五日生化需氧量（图3.5）、氨氮（图3.6）等指标在大部分测次均优于Ⅱ类水，整体处于Ⅱ～Ⅲ类水平。

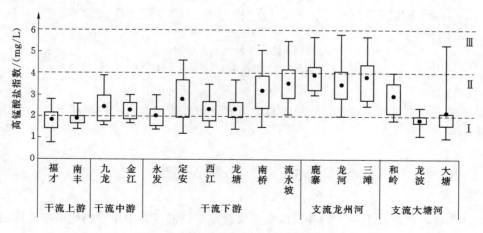

图3.4 南渡江各监测站点高锰酸盐指数
注：图中圆点为平均值；虚线为各水质类别限值。

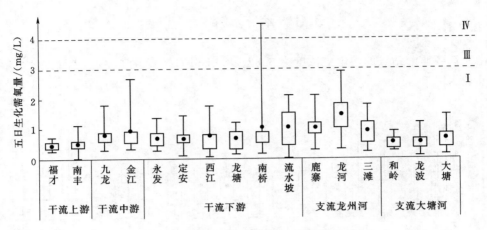

图 3.5　南渡江各监测站点五日生化需氧量

注：图中圆点为平均值；虚线为各水质类别限值。

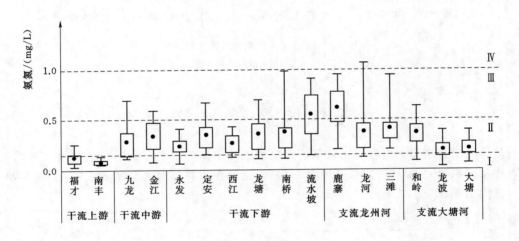

图 3.6　南渡江各监测站点氨氮浓度

注：图中圆点为平均值；虚线为各水质类别限值。

总体来说，南渡江干流耗氧污染物自上游到下游逐渐增加，河口段耗氧污染物浓度相对较高。

3.5　重　金　属

总体来说，南渡江上中下游各河段重金属含量都较低，其中铬、铅均低于检出限，砷 [图 3.7（a）]、汞 [图 3.7（b）] 均优于Ⅰ类水标准，镉 [图 3.7（c）] 处于Ⅰ～Ⅱ类水平。各项重金属浓度均在安全范围内。

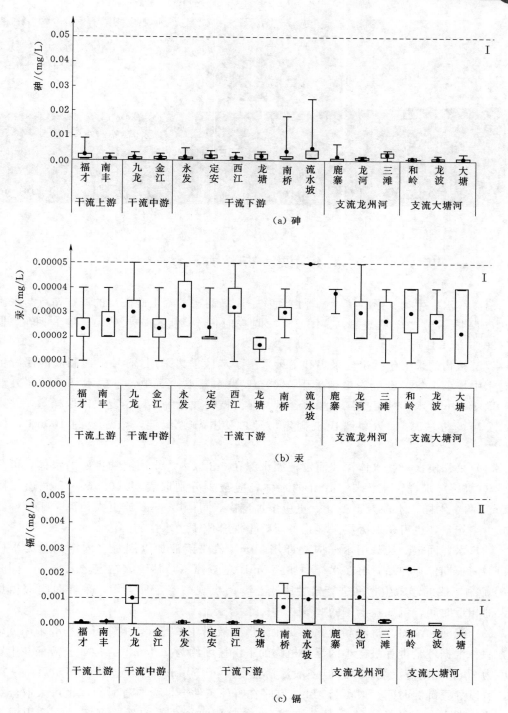

图 3.7　南渡江各监测站点重金属浓度
注：图中圆点为平均值；虚线为各水质类别限值。

4

浮 游 植 物

4.1 调 查 方 法

南渡江水生生物（浮游植物、浮游动物、底栖动物、着生硅藻）的调查站点与水质监测站点保持一致，详见表 3.1、图 3.1，调查时间分别为汛期（2014 年 8 月）、非汛期（2015 年 1 月）。

浮游植物的采集包括定性采集和定量采集。定性采集采用 25 号筛绢制成的浮游生物网在水中拖曳采集。定量采集则采用 5000mL 采水器取上、中、下层水样，经充分混合后，取 1000mL 水样（根据江水泥沙含量、浮游植物数量等实际情况决定取样量，并采用泥沙分离的方法），加入鲁哥氏液固定，经过 48h 静置沉淀，浓缩至约 100mL，保存待检。

（1）采样层次。视水体深浅而定，如水深在 3m 以内、水团混和良好的水体，可只采表层（0.5m）水样；水深 3～10m 的水体，应至少分别取表层（0.5m）和底层（离底0.5m）两个水样；水深大于 10m，更应增加层次，可隔 2～5m 或更大距离采 1 个样。为了减少工作量，也可采取分层采样，各层等量混合成 1 个水样的方法。

（2）水样固定。计数用水样应立即用 10mL 鲁哥氏液加以固定（固定剂量为水样的1%）。需长期保存样品，再在水样中加入 5mL 左右福尔马林液。在定量采集后，同时用25 号筛绢制成的浮游生物网进行定性采集，专门供观察鉴定种类用。采样时间应尽量在一天的相近时间，例如在上午的 8—10 时。

（3）沉淀和浓缩。沉淀和浓缩需要在筒形分液漏斗中进行，但在野外一般采用分级沉淀方法。根据理论推算最微小的浮游植物的下沉速度约为 0.3cm/h，故如分液漏斗中水柱高度为 20cm，则需沉淀 60h。但一般浮游藻类小于 $50\mu m$，再经过碘液固定后，下沉较快，所以静置沉淀时间一般可为 48h。有时在野外条件下，为节省时间，也可采取分级沉淀方法，即先在直径较大的容器（如 1L 水样瓶）中经 24h 的静置沉淀，然后用细小玻管（直径小于 2mm）借虹吸方法缓慢地吸去 1/5～2/5 的上层的清液，注意不能搅动或吸出浮在表面和沉淀的藻类（虹吸管在水中的一端可用 25 号筛绢封盖）、再静置沉淀 24h，再吸去部分上清液。如此重复，使水样浓缩到 100mL 左右。然后仔细保存，以便带回室内做进一步处理，并在样品瓶上写明采样日期、监测点、采水量等。

（4）样品观察及数据处理。室内先将样品浓缩、定量至约100mL，摇匀后吸取10mL样品置于沉降杯内，浮游植物在显微镜下按视野法计数，浮游动物则全片计数，每个样品计数2次，取其平均值，每次计数结果与平均值之差应在15%以内，否则增加计数次数。

每升水样中浮游植物数量的计算公式如下：

$$N = \frac{C_s}{F_s \times F_n} \times \frac{V}{v} \times P_n \qquad (4.1)$$

式中　N——1L水中浮游植物的密度，cells/L；

　　　C_s——沉降杯的面积，mm²；

　　　F_s——视野面积，mm²；

　　　F_n——每片计数过的视野数；

　　　V——1L水样经浓缩后的体积，mL；

　　　v——沉降杯的容积，mL；

　　　P_n——计数所得细胞数，cell。

浮游植物种类鉴定参考《中国淡水藻类——系统、分类及生态》等。

4.2　种　类　组　成

1. 干流

南渡江干流两期监测共鉴定浮游植物7门151种。其中蓝藻门26种，绿藻门81种，硅藻门26种，甲藻门3种，裸藻门8种，金藻门2种，隐藻门5种。

南渡江干流浮游植物门类组成如图4.1所示。

总体而言，南渡江干流下游检出种类数高于上游和中游，汛期种类数高于非汛期。汛期检出种类数最多的为下游的流水坡、南渡江大桥和上游的南丰，分别为34种（属）、31种（属）和31种（属）。非汛期检出种类数最多的同样为下游的流水坡、南渡江大桥和上游的南丰，分别为20种（属）、20种（属）和23种（属）。

汛期检出浮游植物种类数以绿藻门最多，硅藻门和蓝藻门次之，而非汛期检出种类数以硅藻门最多，绿藻门次之，蓝藻门较少。汛期各监测站点浮游植物种类组成均以绿藻

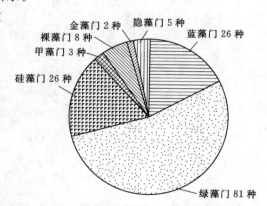

图4.1　南渡江干流浮游植物门类组成

门和硅藻门为主，非汛期除上游的福才和中游的九龙以绿藻门和隐藻门为主外，其余均以绿藻门和硅藻门为主（见图4.2）。

2. 支流

支流龙州河、大塘河共鉴定浮游植物7门120种（属）。其中绿藻门检出种类数最多，

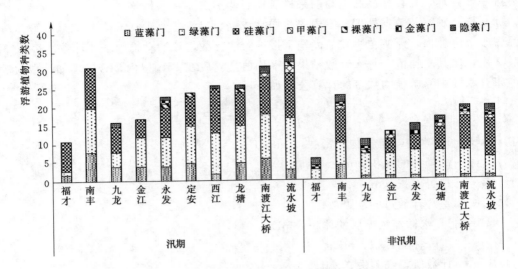

图 4.2　南渡江干流各站点浮游植物门类组成

共检出 62 种（属），其次为硅藻门和蓝藻门，分别检出 27 和 19 种（属），其余隐藻门检出 5 种（属）、裸藻门检出 4 种（属）、甲藻门检出 2 种（属）、金藻门检出 1 种（属）。南渡江支流浮游植物种类组成如图 4.3 所示。

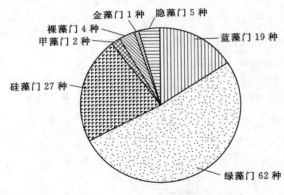

图 4.3　南渡江支流浮游植物门类组成

南渡江支流汛期浮游植物种类数高于非汛期，检出种类数最多的站点均为大塘河的和岭，分别检出 42 种（属）和 3 种（属）。龙州河三个站点种类数量较为接近，汛期为 35 种、37 种、38 种（属），非汛期为 26 种、29 种、30 种（属）。

汛期除大塘河龙波站点外，其余站点检出的种类大多为绿藻，硅藻和蓝藻次之，非汛期各站点种类数减少，而各站点检出的硅藻种类数则有所增加（图 4.4）。

3. 松涛水库

松涛水库共检出浮游植物 62 种（属），其中以绿藻门检出种类数最为丰富，29 种（属），其次为硅藻门，检出 20 种（属），其余蓝藻门检出 9 种（属）、甲藻门检出 3 种（属）、隐藻门检出 1 种（属），如图 4.5 所示。

松涛水库 3 个监测点位检出浮游植物种类数为 25～31 种（属）（图 4.6），番加洋检出种类数最多，白沙入库处检出种类数最少。南丰洋和番加洋点位检出的浮游植物种类大多数为绿藻，而白沙入库处种类则主要为硅藻。

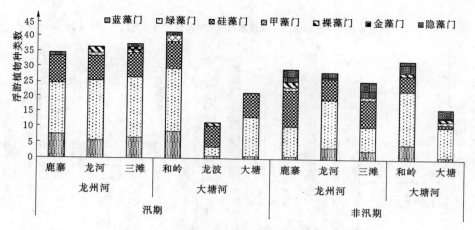

图 4.4　南渡江支流各站点浮游植物种类组成

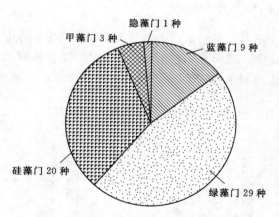

图 4.5　南渡江松涛水库浮游植物种类组成

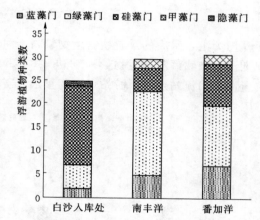

图 4.6　南渡江松涛水库各站点浮游植物种类组成

4.3　密度和生物量组成

1. 干流

汛期各站点浮游植物密度为 $3.00 \times 10^5 \sim 26.25 \times 10^5 \mathrm{cells/L}$，最低的为上游的福才站点，最高的为下游的定安站点。总体而言水库的浮游植物密度高于河流，下游高于上游和中游。

非汛期各站点浮游植物密度为 $2.62 \times 10^5 \sim 20.97 \times 10^5 \mathrm{cells/L}$，最低的为上游的福才站点，最高的为松涛水库的南丰站点。水库的浮游植物密度高于河流，下游高于上游和中游。

汛期浮游植物的群落结构为蓝藻-绿藻型，非汛期则为绿藻-硅藻型。其中，汛期的下游站点西江蓝藻密度较低，而入海口的流水坡站点则有较高的甲藻密度（见图 4.7）。

汛期浮游植物群落的生物量为 $0.38 \sim 6.46 \mathrm{mg/L}$，多数站点以硅藻为主，流水坡则以

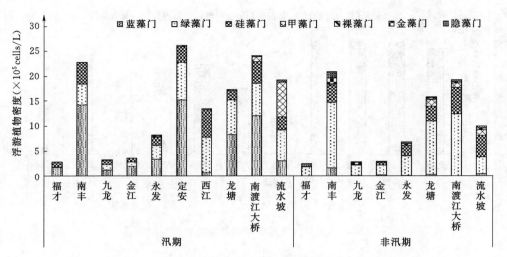

图 4.7 南渡江各站点浮游植物群落组成

甲藻门为主，水库的浮游植物生物量高于河流站点，下游站点生物量高于上游和中游。非汛期浮游植物群落的生物量为 0.08～8.02mg/L，以甲藻-硅藻为主，水库的浮游植物生物量高于河流站点，下游站点生物量远高于上游和中游（见图 4.8）。

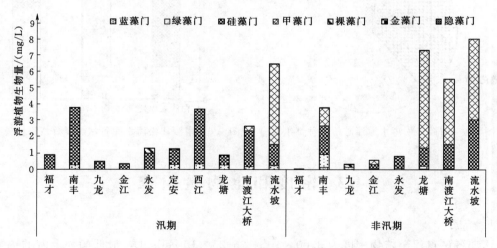

图 4.8 南渡江各站点浮游植物生物量组成

汛期各站点的优势种以丝状蓝藻或群体蓝藻为主（表 4.1），上游的南丰和中游的金江站点的优势种均为丝状蓝藻拟柱胞藻，中游九龙和下游定安站点的优势种均为丝状蓝藻螺旋藻，上游福才站点的优势种为丝状蓝藻圆柱鱼腥藻，下游永发站点的优势种为丝状蓝藻泽丝藻，下游龙塘站点的优势种为群体蓝藻细小平裂藻，南渡江大桥的优势种为群体蓝藻隐球藻，下游西江站点的优势种为硅藻门的小环藻和群体绿藻实球藻、空球藻，入海口流水坡的优势种则为甲藻门的裸甲藻。各站点的优势度较低，均未超过 50%。

表 4.1　　　　　　　　　　南渡江干流各站点浮游植物优势种及优势度

时间	站　点		优势种	优势度/%
汛期	上游	福才	圆柱鱼腥藻	42.6
		南丰	拟柱胞藻	29.2
	中游	九龙	螺旋藻	20.4
		金江	拟柱胞藻	33.3
	下游	永发	泽丝藻	24.6
		定安	螺旋藻	29.2
		西江	小环藻、实球藻、空球藻	24.8
		龙塘	细小平裂藻	30.4
		南渡江大桥	隐球藻	32.3
		流水坡	裸甲藻	32.0
非汛期	上游	福才	栅藻	48.8
		南丰	微小四角藻	31.8
	中游	九龙	针形纤维藻	23.0
		金江	微小四角藻	40.8
	下游	永发	具尾四角藻	29.7
		龙塘	并联藻	33.2
		南渡江大桥	四月藻	40.3
		儒房	针形纤维藻	20.3

非汛期各站点的优势种多为群体绿藻,也有少数站点为单细胞绿藻。各站点的优势度较低,均未超过 50%。上游福才站点的优势种为群体绿藻栅藻,上游南丰和中游金江的优势种均为单细胞绿藻微小四角藻,下游永发站点的优势种为单细胞绿藻具尾四角藻,龙塘的优势种为群体绿藻并联藻,南渡江大桥的优势种为群体绿藻四月藻,中游九龙和入海口流水坡的优势种均为群体绿藻针形纤维藻。

2. 支流

汛期各监测站点浮游植物丰度为 $9.04 \times 10^4 \sim 5.29 \times 10^7$ cells/L,以龙州河的龙河站点丰度最高,大塘河的龙波站点丰度最低。龙州河的鹿寨、龙河站点和大塘河的和岭站点浮游植物群落组成以蓝藻为主,龙州河的三滩站点浮游植物群落结构呈现蓝藻—绿藻型;大塘河的龙波和大塘站点浮游植物群落组成均以绿藻为主(图 4.9)。

相比汛期,非汛期各站点浮游植物丰度均有轻微降低(除和岭站点),但仍在一个数量级内,各监测站点浮游植物丰度为 $1.45 \times 10^6 \sim 3.83 \times 10^7$ cells/L,大塘河的和岭站点丰度最高,大塘站点丰度最低。与汛期相同,和岭站点在非汛期的浮游植物群落呈现蓝藻-绿藻型,龙河、三滩站点则呈现绿藻-蓝藻型,鹿寨站点硅藻含量较高,浮游植物群落为硅藻-绿藻型,大塘站点浮游植物群落结构以绿藻为主。

南渡江支流各站点非汛期的浮游植物生物量高于汛期,汛期生物量为 $0.36 \sim 11.43$ mg/L,非汛期生物量为 $1.69 \sim 35.49$ mg/L。汛期生物量以龙州河的龙河站点生物量最

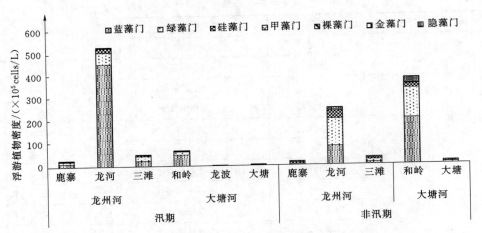

图 4.9 南渡江支流各站点浮游植物密度组成

高,非汛期龙河站点和大塘河的和岭站点生物量最高。

汛期大塘河和岭站点浮游植物生物量组成中,甲藻最高,其次为硅藻;其余站点的生物量组成均以硅藻占优势。非汛期和岭站点的生物量则以蓝藻最多,其次为硅藻,未检出甲藻;大塘站点硅藻、甲藻和绿藻生物量占比较为接近;其余站点亦以硅藻为主(图4.10)。

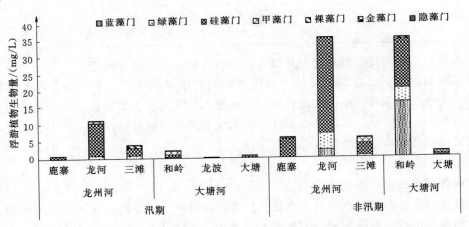

图 4.10 南渡江支流各站点浮游植物生物量组成

汛期南渡江各支流站点的浮游植物优势种多为蓝藻,其中龙州河鹿寨站点、龙河站点和大塘河的和岭站点,浮游植物优势种均为群体蓝藻细小平裂藻,是富营养型水体的指示种,龙河的优势度较高,达80.1%,鹿寨和和岭站点的优势度相对较低,分别为30.2%和40.5%。龙州河的三滩站点优势种为丝状蓝藻假鱼腥藻,优势度较低,为12.7%。大塘河的龙波站点,浮游植物优势种为硅藻门的舟形藻,是中-富营养型水体的指示种,优势度25.9%,大塘站点的优势种为群体绿藻空球藻,是中营养型水体指示种,优势度36.6%。

　　非汛期各站点的优势种发生改变，龙州河的龙河站点的优势种变为群体绿藻小型色球藻，仍为富营养型水体指示种，优势度 14.7%；三滩站点的优势种变为细小平裂藻，优势度 16.8%；而鹿寨站点的优势种则变为链状硅藻远距直链藻，是中-富营养型水体指示种，优势度 23.0%；大塘河的和岭站点优势种为群体蓝藻粘球藻，优势度 23.3%；大塘站点的优势种变为群体绿藻直角十字藻，是富营养型水体指示种，优势度 20.3%（表4.2）。

表 4.2　　　　　　　　　南渡江支流各站点浮游植物优势种及优势度

时间	点　位		优势种	优势度
汛期	龙州河	鹿寨	细小平裂藻	30.2%
		龙河	细小平裂藻	80.1%
		三滩	假鱼腥藻	12.7%
	大塘河	和岭	细小平裂藻	40.5%
		龙波	舟形藻	25.9%
		大塘	空球藻	36.6%
非汛期	龙州河	鹿寨	远距直链藻	23.0%
		龙河	小型色球藻	14.7%
		三滩	细小平裂藻	16.8%
	大塘河	和岭	粘球藻	23.3%
		大塘	直角十字藻	20.3%

3. 松涛水库

　　松涛水库3个监测站点的浮游植物丰度为 $1.14\sim4.04\times10^6$ cells/L，南丰洋和番加洋站点的丰度相对较高，白沙入库处最低（图4.11）。3个监测站点的浮游植物群落丰度组成均以蓝藻为主，其次检出少量绿藻和硅藻。

　　生物量最高的站点番加洋为 2.77mg/L，南丰洋和白沙入库处浮游植物生物量较为接近，分别为 0.69mg/L 和 0.65mg/L。3个站点的浮游植物群落生物量组成均以硅藻门为主，其中番加洋站点甲藻门生物量也相对较高（图4.12）。

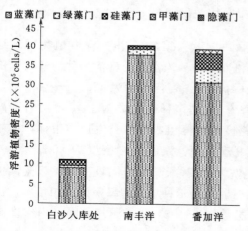

图 4.11　松涛水库各站点浮游植物密度组成

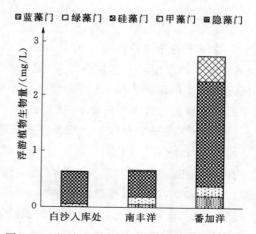

图 4.12　松涛水库各站点浮游植物生物量组成

4.4 浮游植物现状评价

1. 干流

南渡江各站点浮游植物多样性指数及均匀度指数具体如下（见图 4.13）：

汛期干流各站点的香农-威纳生物多样性指数除上游的福才外，均在 2 以上，水生态状况较好，福才多样性指数为 1～2，水生态状况一般；各站点的均匀度指数均高于 0.7，水生态状况较好，其中下游永发高于 0.8、西江高于 0.9，水生态状况良好。

非汛期干流各站点的香农-威纳生物多样性指数除上游的福才和中游的金江外，均在 2 以上，水生态状况较好，福才多样性指数为 1～2，水生态状况一般；各站点的均匀度指数均高于 0.7，水生态状况较好，其中中游的九龙和下游的龙塘高于 0.8、入海口流水坡高于 0.9，水生态状况良好，见图 4.13。

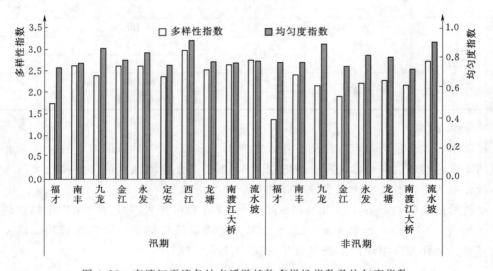

图 4.13　南渡江干流各站点浮游植物多样性指数及均匀度指数

上游福才的浮游植物密度为 $2.62 \times 10^5 \sim 3.00 \times 10^5$ cells/L，汛期浮游植物群落结构类型为蓝藻-硅藻型，非汛期为绿藻-隐藻型，汛期优势种为富营养型优势种为丝状蓝藻圆柱鱼腥藻，非汛期则为中-富营养型指示种群体绿藻栅藻，优势度为 42.6%～48.8%，检出浮游植物种类数在 6～11 种（属）之间，香农-威纳多样性指数为 1～2，均匀度高于 0.7，水生态状况一般至较好，根据浮游植物密度和群落组成等藻类生物学指标，福才站点呈现极贫养状态。南丰的营养类型为贫-中营养型，浮游植物密度为 $20.97 \times 10^5 \sim 22.82 \times 10^5$ cells/L，汛期浮游植物群落结构类型为蓝藻-绿藻型，优势种为丝状蓝藻拟柱胞藻，非汛期为绿藻-硅藻型，优势种为中-富营养型指示种单细胞绿藻微小四角藻，优势度分别为 29.2% 和 31.8%，检出浮游植物种类数在 23～31 种（属）之间，均匀度高于 0.7，水生态状况较好。

中游的两个站点九龙和金江均为极贫营养型，汛期的浮游植物群落结构均为蓝藻-绿藻型，非汛期九龙为绿藻-金藻型，金江则为绿藻-硅藻型，浮游植物密度为 $2.94 \sim 3.69 \times 10^5$ cells/L。汛期九龙的优势种为超富营养型指示种螺旋藻，非汛期则为中-富营养型指示种群体绿藻针形纤维藻，优势度分别为 20.4% 和 23.0%；汛期金江的优势种为丝状蓝藻拟柱胞藻，非汛期则为微小四角藻，优势度稍高，分别为 33.3% 和 40.8%。中游检出浮游植物种类数在 11~17 种（属）之间，香农-威纳多样性指数高于 2，均匀度指数高于 0.7，其中九龙的均匀度指数高于 0.8，水生态状况较好至良好。

下游只有永发站点的营养状态为贫营养型，其余站点均为贫-中营养型，永发、定安、龙塘和南渡江大桥的汛期浮游植物群落结构均为蓝藻-绿藻型，西江为绿藻-硅藻型，而入海口流水坡则为甲藻-绿藻型。浮游植物密度为 $8.32 \times 10^5 \sim 26.25 \times 10^5$ cells/L，优势种以中-富营养型的指示种为主，汛期永发和定安的优势种分别为丝状蓝藻泽丝藻和超富营养型指示种螺旋藻，西江则为中-富营养型指示种硅藻门的小环藻和群体绿藻实球藻、空球藻，龙塘和南渡江大桥的指示种分别为富营养型指示种群体蓝藻细小平裂藻和中-富营养型指示种隐球藻，入海口流水坡的指示种则为甲藻门的裸甲藻，非汛期永发的优势种为中-富营养型指示种具尾四角藻，龙塘、南渡江大桥和流水坡均为群体绿藻，分别为并联藻、四月藻和针形纤维藻，下游各站点的优势度均不高，低于 50%，检出种类数为 15~31 种（属），香农-威纳多样性指数高于 2，均匀度指数高于 0.7，部分站点高于 0.8，水生态状况较好至良好。

2. 支流

汛期除龙河站点外，其余支流站点的香农-威纳多样性指数均为 2~3，均匀度指数均大于 0.5，表明水生态状况较好，而龙河站点香农-威纳多样性指数为 1~2，均匀度指数为 0.3~0.5，表明水生态状况一般（图 4.14）。

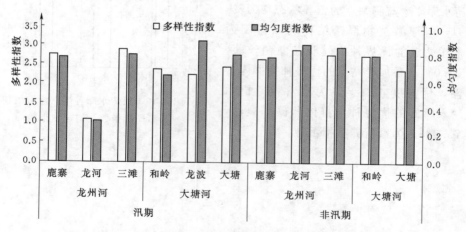

图 4.14 南渡江支流各站点浮游植物多样性指数及均匀度指数

非汛期各站点香农-威纳多样性指数均为 2~3，均匀度指数大于 0.5，表明水生态状况较好。

龙州河的鹿寨和三滩站点，汛期和非汛期营养状态均为贫-中营养型，汛期浮游植物群落结构为蓝藻-绿藻型，非汛期鹿寨群落结构为硅藻-绿藻型，三滩站点群落结构为绿藻

-蓝藻型。鹿寨站点在汛期和非汛期的优势种分别为群体绿藻细小平裂藻和链状硅藻远距直链藻，优势度分别为 30.2% 和 23.0%，细小平裂藻为富营养型指示种，而远距直链藻为中-富营养型指示种。三滩站点在汛期和非汛期的优势种分别为丝状蓝藻假鱼腥藻和群体蓝藻细小平裂藻，优势度分别为 12.7% 和 16.8%。龙河站点汛期的营养状态为中-富营养型，群落结构以蓝藻为主，优势种为细小平裂藻，优势度较高，达 80.1%；非汛期为中营养型，群落结构呈现绿藻-蓝藻型，优势种为富营养型指示种群体蓝藻小型色球藻，优势度 14.7%。

大塘河和岭站点的营养状态从汛期的贫-中营养型变为非汛期的中营养型，群落结构均为蓝藻-绿藻型，优势种分别为汛期的细小平裂藻和非汛期的群体蓝藻粘球藻。龙波站点汛期营养状态为极贫营养型，浮游植物丰度仅为 9.04×10^4 cells/L，浮游植物群落结构呈现硅藻-绿藻型，优势种舟形藻，优势度 25.9%。大塘站点，汛期营养状态为贫营养型，非汛期为贫-中营养型，浮游植物丰度分别为 5.64×10^5 cells/L 和 1.45×10^6 cells/L，生物量分别为 0.94mg/L 和 1.69mg/L，汛期浮游植物群落结构为绿藻-硅藻型，优势种为中营养型指示种群体绿藻空球藻，优势度 36.6%，非汛期群落结构为以绿藻占优，优势种为群体绿藻直角十字藻，为富营养型指示种，优势度 20.3%。

3. 松涛水库

番加洋的香农-威纳多样性指数为 2~3，均匀度指数高于 0.5，表明水生态状况较好；南丰洋和白沙入库处 2 个监测站点的香农-威纳多样性指数均为 1~2，均匀度指数为 0.3~0.5，表明水生态状况一般（图 4.15）。

松涛水库 3 个监测站点的营养状态均为贫-中营养型，但浮游植物群落结构均以蓝藻为主，南丰洋站点的优势种为丝状蓝藻鞘丝藻，优势度 57.0%；番加洋站点的优势种为群体蓝藻微囊藻，优势度 43.8%，为富营养型指示种；白沙入库处的优势种为群体蓝藻平裂藻，优势度 73.0%，为富营养型指示种。

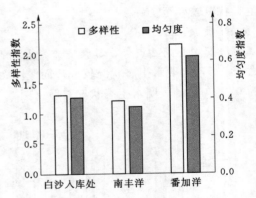

图 4.15 松涛水库各站点浮游植物多样性指数及均匀度指数

5

浮 游 动 物

5.1 调 查 方 法

南渡江浮游动物监测点参照 3.1 节监测点位置分布。

浮游动物样品采集用采水器在水面以下每隔 1m 采 5L 混合水样，根据河流、湖泊的泥沙含量、浮游动物数量等实际情况决定取样量，一般取样量为 20～50L，现场采用 25 号筛绢制成的浮游生物网过滤，将样品装入 200mL 透明样品瓶中，以无水乙醇或者 1% 甲醛固定。

室内先将样品浓缩、定量至约 100mL，摇匀后吸取 10mL 样品置于沉降杯内，浮游动物则全片计数，每个样品计数 2 次，取其平均值，每次计数结果与平均值之差应在 15% 以内，否则增加计数次数。

每升水样中浮游动物数量的计算公式如下：

$$A = \frac{V_c}{V_s \times V_m} \times D \tag{5.1}$$

式中　A——1L 水中浮游动物的密度，ind./L；

　　　V_c——水样浓缩后的体积，mL；

　　　V_s——采样体积，L；

　　　V_m——镜检体积，mL；

　　　D——计数所得个体数，ind.。

浮游动物种类鉴定参考《中国淡水轮虫志》（王家楫，1961）、*Rotatoria*（Koste，1978）、《淡水浮游生物研究方法》（章宗涉，1991）等。

5.2 种 类 组 成

1. 干流

南渡江干流两期监测共鉴定浮游动物 5 类 74 种。其中原生动物 3 种、轮虫 43 种、枝角类 16 种、桡足类 9 种，其他大型无脊椎动物幼虫 3 种（见图 5.1）。

南渡江干流浮游动物种类组成见图5.1。

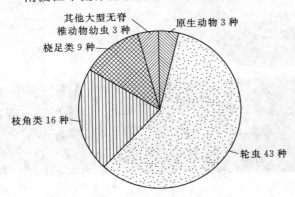

图5.1　南渡江干流浮游动物种类组成

汛期除下游的南渡江大桥站点仅检出1种浮游动物外，其余各站点检出浮游动物种类数为14～23种（属），检出种类数最多的为下游的西江站点；非汛期各站点检出浮游动物种类数为6～21种（属），检出种类数最多的为中游的九龙和金江两个站点。总体而言水库的浮游动物种类数多于河流，汛期检出种类数多于非汛期，非汛期中游检出种类数多于上游和下游，汛期则较为平均（见图5.2）。干流各站点浮游动物种类组成见图5.2。

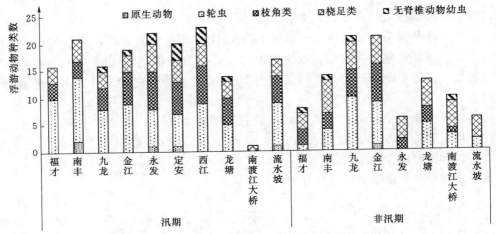

图5.2　南渡江干流各站点浮游动物种类组成

汛期各站点浮游动物种类以轮虫为主，除南渡江大桥仅检出1种，为桡足类，非汛期轮虫种类减少，枝角类和桡足类占浮游动物种类数比例增加，而下游的龙塘、南渡江大桥和流水坡枝角类的种类数较少。

2. 支流

南渡江支流各站点共检出浮游动物52种（属），如图5.3所示，其中以轮虫的种类最为丰富，共检出25种（属），其次为枝角类12种（属），桡足类9种（属），其余原生动物和其他无脊椎动物幼虫各检出3种（属）。

非汛期支流各站点浮游动物种类数均

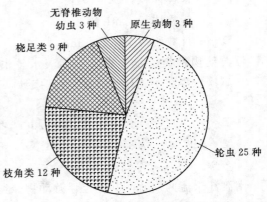

图5.3　南渡江支流浮游动物种类组成

高于汛期（图5.4），其中汛期龙河、和岭、大塘3个站点检出种类数较高，分别检出15种、14种和13种（属），非汛期龙河和大塘检出种类数最多，分别检出26种和28种（属）。

支流的浮游动物群落种类组成大多以轮虫为主，枝角类和桡足类种类较少，符合河流的一般特征。支流各站点水深较浅，因此在采集样品时，少量生活在底质中的无脊椎动物幼虫，如摇蚊幼虫和幽蚊幼虫也被采集了。

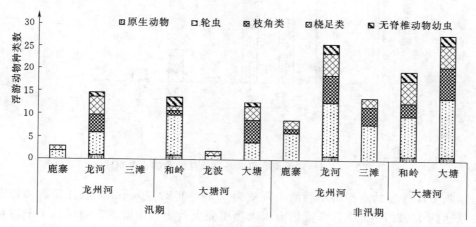

图 5.4　南渡江支流各站点浮游动物种类组成

5.3　密度和生物量组成

1. 干流

汛期的调查中，各站点浮游动物密度为0.17～157.5ind./L，密度最低的为下游的南渡江大桥站点，最高的为中游的金江站点。总体而言水库的浮游动物密度高于河流站点，中游高于上游和下游各站点。浮游动物群落结构主要以轮虫和枝角类为主（见图5.5）。

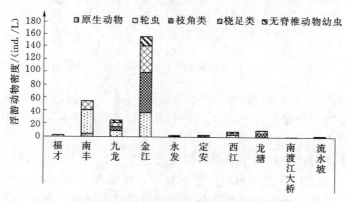

图 5.5　南渡江干流汛期各站点浮游动物密度组成

非汛期各站点浮游动物密度为0.02～1.66ind./L，密度最低的为上游的福才站点和入海口的流水坡，最高的为上游水库站点南丰。浮游动物群落结构主要以枝角类和桡足类为主（见图 5.6）。

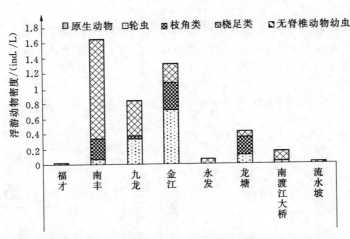

图 5.6　南渡江干流非汛期各站点浮游动物密度组成

汛期除金江外各站点浮游动物的生物量为 0.61～1122.70μg/L，金江浮游动物生物量尤其高，达到 1122.70μg/L，群落组成以大型甲壳类为主，中游的生物量高于上游和下游的站点（见图 5.7）。

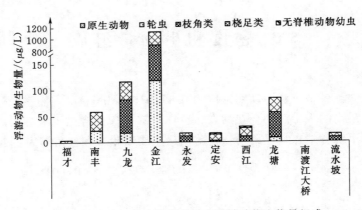

图 5.7　南渡江干流汛期各站点浮游动物生物量组成

非汛期各站点浮游动物的生物量为 0.05～11.68μg/L，金江的生物量最高，群落组成以大型甲壳类枝角类和桡足类为主，水库的生物量高于河流站点，中游生物量高于上游和下游的站点（见图 5.8）。

南渡江汛期上游的优势种以小型化的臂尾轮虫为主，福才的优势种为镰状臂尾轮虫，优势度为 54.9%，南丰的优势种为四角平甲轮虫，优势度为 44.2%。中游的优势种为小型枝角类与轮虫，九龙的优势种为颈沟基合溞和镰状臂尾轮虫，金江的优势种为颈沟基合溞和体型相对较大的前节晶囊轮虫，无节幼体在这两个站点中也占有较高的比例。下游的优势种以桡足类或大型无脊椎动物为主，永发的优势种为大型无脊椎动物淡水壳菜幼虫、

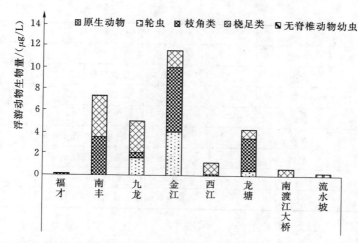

图 5.8 南渡江干流非汛期各站点浮游动物生物量组成

桡足类的无节幼体和原生动物钟虫，定安的优势种为枝角类台湾温剑水蚤，西江的优势种为淡水壳菜幼体、壶状臂尾轮虫以及桡足类的剑水蚤幼体，龙塘的优势种为颈沟基合溞、剑水蚤幼体和角突网纹溞，南渡江大桥仅检出一个种，为剑水蚤幼体，入海口流水坡的优势种为剑水蚤幼体和颈沟基合溞。各站点的优势种呈现从上游到下游体型逐渐增加的趋势，而上游和中游的优势种臂尾轮虫为中富营养型（β-α-ms）指示种，前节晶囊轮虫为富营养型（α-ms）指示种，同时也是耐有机污染的种类。

非汛期上游和中游各站点的优势种均为轮虫，上游的福才的优势种为囊形腔轮虫和轮虫属，南丰的优势种为轮虫属和独角聚花轮虫；中游的九龙站点的优势种为轮虫属和卡顿异尾轮虫，金江的优势种也为卡顿异尾轮虫；下游的永发站点优势种为轮虫属和枝角类的模糊秀体溞，龙塘的优势种为囊形腔轮虫和壶状臂尾轮虫，优势度较高，为 74.4%，南渡江大桥的优势种为独角聚花轮虫和轮虫属，入海口流水坡的优势种为枝角类的角突网纹溞和独角聚花轮虫（见表 5.1）。

表 5.1　　　　　　　　　南渡江各站点浮游动物优势种及优势度

时间	站 点		优 势 种	优势度
汛期	上游	福才	镰状臂尾轮虫	54.9%
		南丰	四角平甲轮虫	44.2%
	中游	九龙	颈沟基合溞、镰状臂尾轮虫、无节幼体	46.3%
		金江	颈沟基合溞、前节晶囊轮虫、无节幼体	43.3%
	下游	永发	淡水壳菜幼虫、无节幼体、钟虫	47.5%
		定安	台湾温剑水蚤	25.7%
		西江	淡水壳菜幼虫、壶状臂尾轮虫、剑水蚤幼体	46.4%
		龙塘	颈沟基合溞、剑水蚤幼体、角突网纹溞	67.3%
		南渡江大桥	剑水蚤幼体	100.0%
		流水坡	剑水蚤幼体、颈沟基合溞	40.8%

续表

时间	站　点		优　势　种	优势度
非汛期	上游	福才	囊形腔轮虫、轮虫 sp.	57.1%
		南丰	轮虫 sp.、独角聚花轮虫	75.9%
	中游	九龙	轮虫 sp.、卡顿异尾轮虫	71.0%
		金江	卡顿异尾轮虫	48.9%
	下游	永发	轮虫 sp.、模糊秀体溞	68.9%
		龙塘	囊形腔轮虫、壶状臂尾轮虫	74.3%
		南渡江大桥	独角聚花轮虫、轮虫 sp.	51.1%
		流水坡	角突网纹溞、独角聚花轮虫	71.4%

2. 支流

汛期浮游动物密度最高的站点为龙河，达 29ind./L，其余站点丰度均不足 1ind./L。鹿寨、和岭站点浮游动物密度组成主要为轮虫，龙河、大塘站点主要为桡足类，而龙波站点轮虫和桡足类密度接近。非汛期浮游动物密度最高的站点为龙河，高于 1ind./L，其余站点丰度均不足 1ind./L。各站点浮游动物密度组成主要为轮虫（图 5.9）。

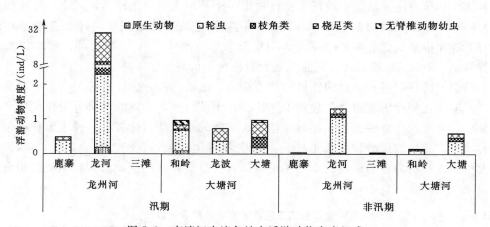

图 5.9　南渡江支流各站点浮游动物密度组成

汛期浮游动物生物量最高的站点为龙河，达 280.21μg/L，其余各站点生物量为 0.07~7.85μg/L。鹿寨、龙河和龙波站点浮游动物生物量组成以桡足类为主，三滩、和岭站点以轮虫为主，而大塘站点的生物量则以枝角类最为丰富。非汛期浮游动物生物量最高的站点为大塘，为 18μg/L，其余站点生物量为 0.54~5.92μg/L。鹿寨、三滩和大塘站点的生物量均以轮虫最为丰富，龙河则是枝角类最多，和岭站点桡足类和轮虫生物量均较高（图 5.10）。

如表 5.2 所示，汛期鹿寨、和岭和龙波站点的浮游动物优势种均为轮虫，其中鹿寨的优势种为舞跃无柄轮虫，优势度 47%，和岭的优势种为镰状臂尾轮虫，优势度 33%，龙波的优势种为前节晶囊轮虫，优势度 50%，通常认为臂尾轮虫和晶囊轮虫为富营养水体指示种。龙河站点的优势种为桡足类的温中剑水蚤和枝角类的颈沟基合溞，优势度 50%，

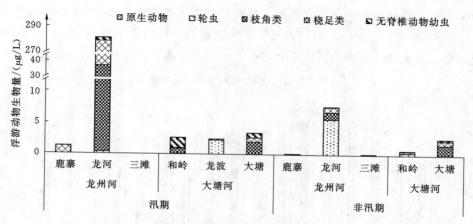

图 5.10　南渡江支流各站点浮游动物生物量组成

大塘站点的优势种为方形尖额溞，优势度 53%，均呈现沿岸带特征。非汛期鹿寨和大塘的优势种均为轮虫属，优势度分别为 33% 和 49%；龙河、和岭站点的优势种均为前节晶囊轮虫，优势度分别为 67% 和 38%；三滩站点的有时候总为枝角类的矩形尖额溞和角突臂尾轮虫，优势度 40%。

表 5.2　南渡江支流各站点浮游动物优势种及优势度

时间	站　点		优势种	优势度
汛期	龙州河	鹿寨	舞跃无柄轮虫	47%
		龙河	温中剑水蚤，颈沟基合溞	50%
		三滩	—	—
	大塘河	和岭	镰状臂尾轮虫	33%
		龙波	前节晶囊轮虫	50%
		大塘	方形尖额溞	53%
非汛期	龙州河	鹿寨	轮虫属	33%
		龙河	前节晶囊轮虫	67%
		三滩	矩形尖额溞、角突臂尾轮虫	40%
	大塘河	和岭	前节晶囊轮虫	38%
		大塘	轮虫属	49%

5.4　浮游动物现状评价

1. 干流

　　汛期南渡江大桥站点检出浮游动物种类数极少，无法计算多样性指数和均匀度指数。上游福才站点和下游龙塘站点的香农-威纳多样性指数为 1~2，水生态状况一般，其余站点的多样性指数均高于 2，水生态状况较好。上游的福才和南丰站点的均匀度指数均为 0.6~0.7，水生态状况一般，其余各站点的均匀度指数均高于 0.7，水生态状况较好。

非汛期各站点的多样性指数和均匀度指数均较低，各站点的香农-威纳多样性指数均为1～2，水生态状况一般，南丰、九龙、金江和龙塘的均匀度指数均为0.5～0.7，水生态状况一般，其余各站点的均匀度指数均在0.7以上，水生态状况较好（见图5.11）。

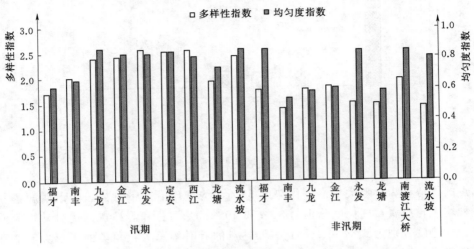

图 5.11　南渡江干流各站点浮游动物多样性指数及均匀度指数

南渡江各站点浮游动物密度较低，汛期群落组成以轮虫及枝角类，非汛期则以轮虫及桡足类为主，其中枝角类的种类多为小型种（角突网纹溞、颈沟基合溞），主要为小型的沿岸带或底栖种类，缺乏高效滤食浮游植物的大型枝角类，符合南亚热带水体中浮游动物小型化的特征，桡足类又以幼体（无节幼体、剑水蚤幼体、哲水蚤幼体）为主。相比大型浮游动物，体型较小的种类对于浮游植物的滤食效率较低，对藻密度的控制能力弱。非汛期浮游动物减少了轮虫的部分种类，如腔轮属和平甲轮属，而增加了桡足类的种类，大多数站点在非汛期浮游动物密度比汛期有所减少，尤其是枝角类的密度比较低。综上所述，南渡江的浮游动物种类较少，缺乏大型浮游动物，以富营养型指示种、耐污种类为主，如前节晶囊轮虫、方形臂尾轮虫和原生动物钟虫，枝角类检出种类少、密度低，浮游动物群落结构不健康。

2. 支流

汛期龙河、和岭和大塘站点浮游动物的香农-威纳多样性指数均为2～3，均匀度指数高于0.5，表明水生态状况较好，鹿寨的香农-威纳多样性指数为1～2，而均匀度指数较高，这是由于鹿寨检出浮游动物种类数较少，仅有3种（属），不适合使用香农-威纳多样性指数和均匀度指数评价。龙波和三滩站点浮游动物检出种类数少于3，不使多样性指数或均匀度指数进行评价。非汛期三滩、和岭和大塘站点香农-威纳多样性指数均为2～3，均匀度指数大于0.5，表明水生态状况较好；鹿寨和龙河站点香农-威纳多样性指数为1～2，表明水生态状况一般。具体情况如图5.12所示。

南渡江支流站点浮游动物呈现溪流水体群落特征，种类组成主要为轮虫，枝角类和桡足类种类较少，而且缺乏大型种类，多数为沿岸带的小型种类，喜好茂盛的水草等有遮蔽的生境。总体浮游动物丰度和生物量较低，可以看出非汛期较为缓慢的水流更适合浮游动物群落生长。

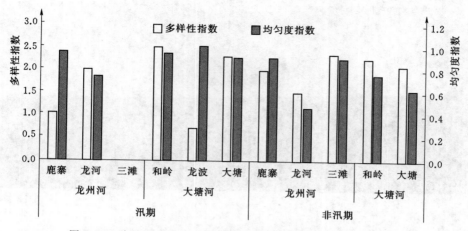

图 5.12 南渡江支流各站点浮游动物多样性指数及均匀度指数

6

底 栖 动 物

6.1 调 查 方 法

南渡江底栖动物监测点参照 3.1 节监测点位置分布。

6.1.1 样品采集

在生境复杂的溪流及浅水型河流中进行采样时，不需要在所有河段内进行全面调查。但是，采样区域应当能够代表问题河流的典型生境。另外，采样过程中，应将整个河段的样本混合，并设置重复样本，进行方法的精确度评价。采样时，将 D 型网紧贴河底，逆流拖行，双脚在网前搅动，使底栖动物随水流进入网内。选择采样区域（一般为河宽的5～20 倍，总长度 50～100m 长的河段）不同的小生境，多次重复后达到一定的采集距离，建议总采集距离 5m。

不可涉水河流选择深度小于 1.5m 的沿岸区进行采集，在岸边或水中选择采集区域（一般为河宽的 1～10 倍，总长度 50～200m 长的河段），将 D 型网紧贴河底，向前推动，对各类可能出现的小生境进行采集，多次重复达到一定的采集距离，建议总采集距离 10m。

6.1.2 样品处理和保存

（1）洗涤和分拣：将采集到的泥样倒入塑料盆中，拣出底泥中的砾石并仔细刷下附着的底栖动物，全部泥样经 40 目分样筛筛选后拣出大型动物，剩余杂物全部装入塑料袋中，加少许清水带回室内进一步拣挑；室内拣选时将样品平摊在白色解剖盘中，用细吸管、尖嘴镊、解剖针等拣出其中底栖动物。

（2）标本保存：软体动物用 5％甲醛或 75％乙醇溶液；水生昆虫用 5％固定数小时后再用 75％乙醇保存；寡毛类先放入加清水的培养皿中，并缓缓滴入数滴 75％乙醇麻醉，待其身体完全舒展后再用 5％甲醛固定，75％乙醇保存。

6.1.3 计量和鉴定

（1）计量：按种类计数（损坏标本一般只统计头部），再换算成 ind./m²。软体动物用电子秤称重，水生昆虫和寡毛类用扭力天平称重，再换算成 g/m²。

（2）鉴定：软体动物鉴定到种，水生昆虫（除摇蚊幼虫）至少到科；寡毛类和摇蚊幼虫至少到属。

6.1.4 底栖动物指数（BI）

利用水体中底栖动物的种类、数量及对水污染的敏感性建立可表示水生态质量的数值。其公式表达为

$$BI = \sum \frac{N_i T_i}{N} \tag{6.1}$$

式中　N_i——一个样本中 i 种的数量；

　　　T_i——i 种的污染敏感值（数值范围为 $0 \sim 10$）；

　　　N——一个样本种底栖动物的数量总和；

　BI 指数——既反映了群落的耐污特征，也反映了不同耐污类群的密度，等级划分见表 6.1。

表 6.1　　　　　　　　　　　　　　　**BI 指数等级划分**

BI 值	等级	BI 值	等级
$(0 \sim 3.5]$	很好	$(6.5 \sim 8.5]$	差
$(3.51 \sim 5.5]$	好	$(8.5 \sim 10]$	很差
$(5.5 \sim 6.5]$	中等		

6.2　种　类　组　成

南渡江两期监测共检出底栖动物 3 门 5 纲 44 种，其中软体动物门双壳纲 3 种、腹足纲 11 种，节肢动物门甲壳纲 4 种、昆虫纲 24 种，环节动物门寡毛纲 2 种（见图 6.1）。

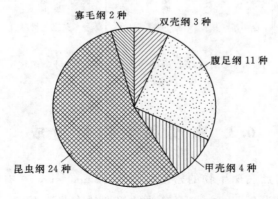

图 6.1　南渡江底栖动物种类组成

两期监测中，有部分监测站点未采集到底栖动物；而各站点采集到的底栖动物种类也较少。其中，非汛期支流龙州河的三滩、鹿寨检出的底栖动物种类数最多，有 10 种和 11 种，其中适应于溪流环境的昆虫纲种类较多。总的来说，南渡江底栖动物种类丰富度表现为非汛期大于汛期、支流大于干流、上游大于下游（图 6.2、图 6.3）。

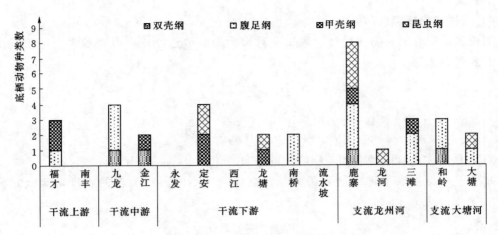

图 6.2　南渡江汛期各站点底栖动物种类组成

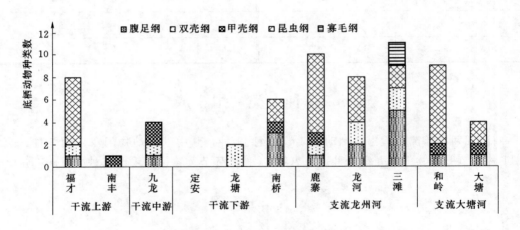

图 6.3　南渡江非汛期各站点底栖动物种类组成

6.3　密度和生物量组成

　　两次监测中，各站点底栖生物的密度为 0～236ind./m²，在有检出底栖动物的站点中，最低的为金江，仅为 2ind./m²；最高为非汛期的南渡江大桥，其中的钩虾占有绝对优势，其次为龙州河的鹿寨，优势种为昆虫纲的纹石蛾、四节蜉等（图 6.4、图 6.5）。

　　各站点底栖动物的生物量为 0～130.48 g/m²，其中干流各站点的底栖动物生物量明显低于支流，腹足纲螺类、双壳纲贝类、甲壳纲虾类这几个类群的底栖动物生物量在各站点占有优势（如图 6.6、图 6.7 所示）。

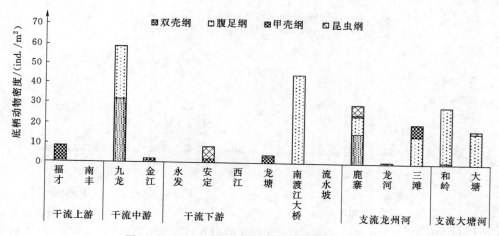

图 6.4 南渡江丰水期各站点底栖动物密度组成

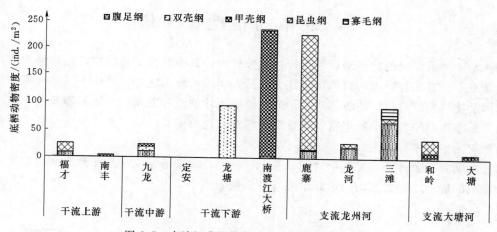

图 6.5 南渡江非汛期各站点底栖动物密度组成

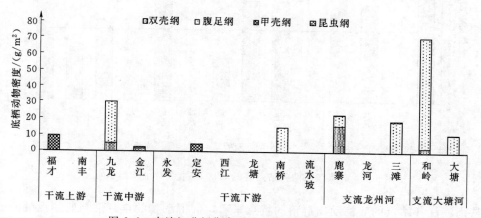

图 6.6 南渡江非汛期各站点底栖动物生物量组成

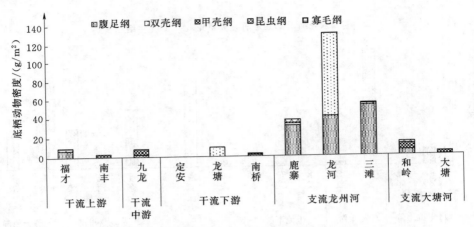

图 6.7 南渡江非汛期各站点底栖动物生物量组成

6.4 底栖动物现状评价

两期监测采集到的底栖动物种类和数量都较少，其中软体动物的腹足纲底栖动物在大部分站点中占有优势；近河口的南渡江大桥站点则以钩虾为优势；适应于溪流环境的昆虫纲底栖动物（如蜉蝣目、蜻蜓目）在干流上游的福才站点和龙州河上游的鹿寨站点出现频率较高。非汛期的底栖动物丰富度明显高于汛期，这可能与汛期河流水位变幅较大影响了底栖动物的生长发育有关。

底栖动物指数计算结果显示（图 6.8、图 6.9），除部分站点未采集到底栖动物外，大部分站点的底栖动物指数均指示其生态环境质量处于中等以上等级。

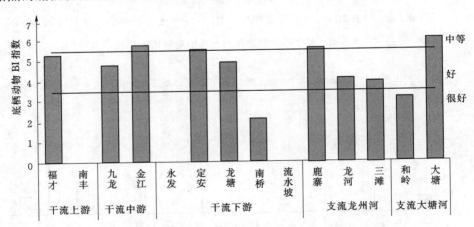

图 6.8 南渡江汛期各站点底栖动物 BI 指数及生态指示意义

从南渡江各站点的底栖动物群落的特点来看，底栖动物的丰富度与监测点处的底质状况、水文环境和水质状况有一定的联系：昆虫纲底栖动物一般生活于水体流速比较缓慢、透明度较高、有机质比较丰富而底质多为细小沙石和淤泥的水体中，一般多营腐食或吞噬

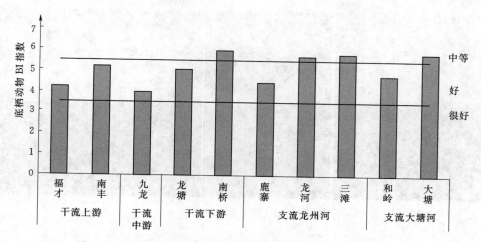

图 6.9　南渡江非汛期各站点底栖动物 BI 指数及生态指示意义

性营养，因此在上游的溪流中分布频率较高。而中下游的几个采样站点的水生植被较稀少，以砂质河岸较多，影响底栖生物的生存，其中以软体动物为优势。

7

着 生 硅 藻

7.1 调 查 方 法

南渡江着生硅藻监测点参照 3.1 节监测点位置分布，监测时间为非汛期（2015 年 1 月）。

7.1.1 采样方法

着生硅藻样品采集按不同基质的稳定性，主要选择天然或人工硬质载体，其次可采集大型水生植物载体。对硬质基质，使用牙刷或刮刀收集表面的硅藻样品。若河流为固化垂直护岸，使用有伸缩柄的刮刀；这个刮刀还能配有带筛孔的网，孔隙在 $25\sim30\mu m$。对植物载体可以通过压榨法（丝状硅藻、苔藓植物）或刮取法（茎、大型植物叶子）采集硅藻样品。

7.1.2 样本处理

采集到的硅藻样本应保存在中性甲醛中。

样本处理方法如下：

（1）震荡样本，提取 2mL 的样本放入试管内。

（2）在试管内加入 8mL30％的过氧化氢用来去除有机物质。这个过程的处理时长会受环境气温的影响，一般 12h 可以保证将有机物彻底去除。如果将试管放入装有沙子的容器内，并对容器加热 10min 左右（根据有机物多少而定），可以得到带有白色的溶液，除去有机物质过程将被大大缩短。

（3）用蒸馏水进行 3～4 次净化/稀释工作，这样才能在装片前得到纯净的样本。净化工作往往需要 12h 左右，因此应该对试管进行保护，避免灰尘进入。净化工作可以通过离心分离的方式来提速，离心方式可以是手动的也可以是自动的，建议使用速度为 1500r/min。

（4）在沉淀/离心分离过程中，收集沉淀物，并再次放入蒸馏水中，以便获得稍微浑浊的悬浊液。提取几滴悬浊液，滴于载玻片上，在 40℃ 以下的温度中沥干，这个温度可以避免载玻片边缘结块。在此推荐使用薄而圆的载玻片。如需要清除吸附在载玻片上的硅藻，可以将载玻片依次放入乙醇、甲苯中，或在放入乙醇后加热烘干载玻片上部。

（5）在盖玻片上滴入 1~3 滴高折射树脂（常用的 Naphrax 封片胶具有超过 1.7 的强力折射率）。在盖上盖玻片的同时应让样本流入树脂中。将玻片连同样品一同放在加热平板上，并放在平坦处。为了保证样本完全分散在同一个层面上，应立刻轻轻挤压盖玻片，直到听到样品发出轻微的嘎吱声音。

（6）当树脂凝结，盖玻片变冷，准备工作宣告结束，可以进入观测阶段。为了更好地保存，载玻片周围可以覆盖封固油。

7.1.3 着生硅藻指数（IPS）

着生硅藻使用特定污染敏感指数（IPS）来进行评价。该生物指数主要作用如下：

（1）评价一个水域的生物质量状况。

（2）监测一个水域生物质量的时间变化。

（3）监测河流生物质量的空间变化。

（4）评价某次污染对水环境系统带来的影响。

IPS 指数包括了所有硅藻种群（包括热带种群）。它使用了样本中发现的所有分类物种信息，每个物种有对应的敏感级别（I）和指数值（V）的排序评分，其公式与 Zelinka & Marvan（1961）的类似。

$$IPS = \frac{\sum_{j=1}^{n} A_j I_j V_j}{\sum_{j=1}^{n} A_j V_j} \qquad (7.1)$$

式中　A_j——j 物种的相对丰富度；

　　　I_j——数值为 1~5 的敏感度系数；

　　　V_j——数值为 1~3 的指示值。

计算出的硅藻指数值可进行生态质量评价。由于 IPS 指数对于极值更为敏感，此处以 IPS 指数为标准进行评价，具体见表 7.1。

表 7.1　　　　　　　　　　　**IPS 指数等级划分**

指数值	等级	指数值	等级
$IPS \geq 17$	很好	$9 > IPS \geq 5$	差
$17 > IPS \geq 13$	好	$IPS < 5$	很差
$13 > IPS \geq 9$	中等		

7.2 种 类 组 成

南渡江各监测站点共检出着生硅藻 29 属 98 种（包括亚种和变种），其中 *Nitzschia*（菱形藻属）18 种，占硅藻总种数的 18.4%；其次为 *Navicula*（舟形藻属）15 种，占 15.3%；*Gomphonema*（异极藻属）9 种，占 9.2%；*Pinnularia*（羽纹藻属）7 种，占 7.1%；其余 25 属合计共 49 种，占 50%。

各站点的着生硅藻种类数为 10～27，最高为支流大塘河的大塘站点，最低为南渡江大桥站点。各站点着生硅藻种类数如图 7.1 所示。

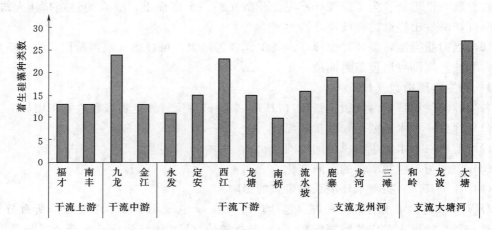

图 7.1 南渡江各站点着生硅藻种类数

7.3 种 群 结 构

各站点中 *Aulacoseira*（浮生直链藻属）、*Fragilaria*（脆杆藻属）、*Gomphonema*、*Navicula*、*Nitzschia*、*Pinnularia* 等属的着生硅藻的相对数量较大，各站点种群结构见图 7.2。其中 *Gomphonema parvulum* var. *parvulum* f. *parvulum*、*Nitzschia palea*、*Navicula viridula* var. *rostellata*、*Pinnularia subcapitata* var. *subcapitata* 在水体中出现的频率和相对数量较高，成为主要优势种。

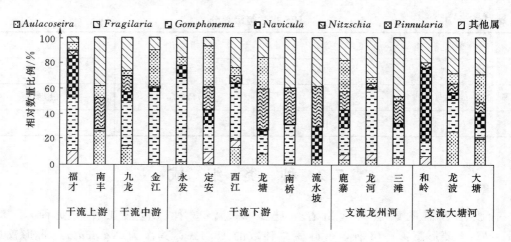

图 7.2 南渡江各站点硅藻相对丰富度

7.4 生态学意义

1. 有机物负荷

通过计算好腐蚀种和好清水种的百分比分析硅藻群聚情况，可以简单地评价有机物负荷。Van Dam（1994）依据承受有机污染的程度将硅藻分成 5 组（图 7.3），而依据异养特性将硅藻分成 4 组（图 7.4）。

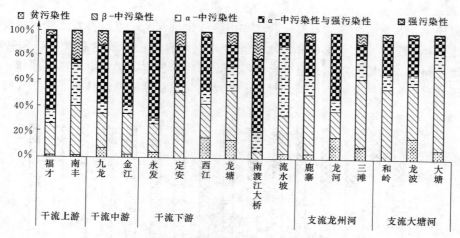

图 7.3　南渡江各站点耐污硅藻种群分布图

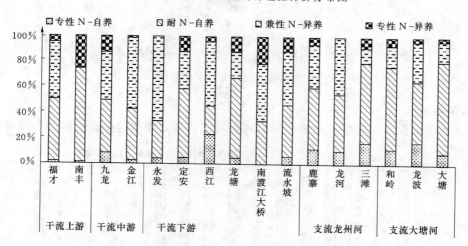

图 7.4　南渡江各站点 N-异养硅藻种群分布图

在调查的 10 个站点中，福才、九龙、金江、永发、西江、南渡江大桥 6 个站点以耐中强污染的硅藻种群占优势，而其中南丰、南渡江大桥耐强污染性硅藻种群所占比例相对其他站点更高；南丰、安定、龙塘和流水坡 4 个以耐中污染和中低污染性的硅藻占优势。支流龙洲河、大塘河大部分站点以 β-中污染种群占优势，污染耐性较干流优势种群低，表明南渡江支流生态质量优于干流。

专性 N-自养种只能在低有机氮环境下生存；耐 N-自养种能在某些情况下容忍一定浓度的有机氮；兼性 N-异养种需要周期性提高有机氮浓度；专性 N-异养种需要不断提高有机氮浓度。

在调查的 10 个站点中，南丰、安定、龙塘 3 个站点以耐 N-自养硅藻种群占优势；金江、永发、西江 3 个站点以兼性 N-自养硅藻种群占优势；福才、九龙、南渡江大桥和流水坡 4 个站点耐 N-自养硅藻种群和兼性 N-自养硅藻种群所占比例相当。各站点 N-异养硅藻种群分布如图 7.4 所示。

2. 氧饱和度

干流福才、九龙、金江、永发、西江和南渡江大桥 6 个站点以喜爱低氧饱和度的硅藻种群占优势；南丰、安定、龙塘和流水坡 4 个站点以喜爱中等氧饱和度的硅藻种群占优势。支流龙州河、大塘河站点普遍以喜中等氧饱和度的种群占优势。喜高氧饱和、很高氧饱和及很低氧饱和的硅藻种群比例均很低。各站点氧饱和度硅藻群分布如图 7.5 所示。

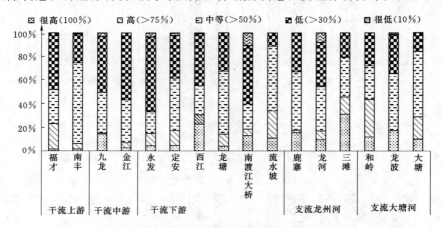

图 7.5　南渡江各站点氧饱和度硅藻种群分布图

3. 营养偏好

干流大部分站点以喜好富营养型的硅藻种群占优势，说明这些站点水体中营养盐含量

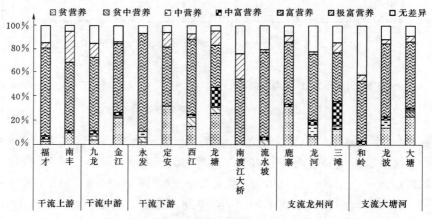

图 7.6　南渡江各站点硅藻营养偏好分布图

较高；龙塘站点喜好贫营养、中富营养和富营养型的硅藻种群均占一定比例。支流龙州河、大塘河各站点均以喜好富营养的种群占优势，如图 7.6 所示。

7.5 指 数 计 算

各站点 IPS 指数为 6.8～13.7，平均为 10.6。干流南渡江大桥站点 *IPS* 指数最低，支流龙州河龙河站点 *IPS* 指数最高。根据评价标准，支流龙河站点生态质量好；南丰、南渡江大桥、流水坡 3 个站点生态质量差；其余各站点生态质量均为中等。南渡江硅藻指数如图 7.7 所示。

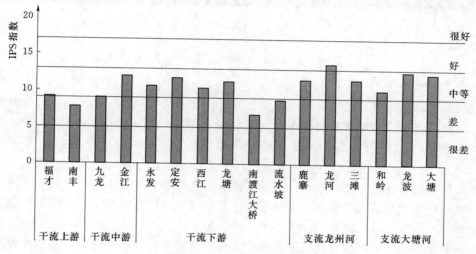

图 7.7 南渡江硅藻指数

各站点 *IBD* 指数为 8.8～12.9，平均为 11.0。南渡江大桥站点 *IBD* 指数最低，安定站点 *IBD* 指数最高。根据评价标准，福才、南丰、九龙、金江、永发、安定、西江、龙塘和流水坡 9 个站点生态质量中等，为第三等级；南渡江大桥站点生态质量差，为第四等级。

8

鱼 类 资 源

8.1 调 查 方 法

鱼类资源调查主要通过收集流域内的有关资料，并对收集到的资料进行初步整理，同时结合实地调查采集各种鱼类的标本。南渡江淡水鱼类调查时间为 2014 年 4 月、8 月及 11 月，调查地点包括南渡江干流九龙滩至龙塘江段、一级支流大塘河、龙州河和巡崖河等。

鱼类标本采集方法主要有 3 种：①结合渔业生产捕捞鱼类标本；②从鱼市收购站购买标本，但一定要了解其捕捞水域基本情况；③对非渔业区域可根据监测工作需要进行专门捕捞采集。

野外采集到鱼样后，应尽快处理和保存，样品鱼要新鲜，体型完整，固定前要详细观察记录鱼体各部分的颜色。如果当天分析，冷冻保存即可，否则加入 3g 硼砂和 50mL 10％福尔马林固定溶液。体长超过 7.5cm 的鱼，要打开体腔，使固定剂浸入内脏器官。在鱼体僵硬前，注意摆正鱼体各部及鳍条的形状，最好用纱布包裹后浸入固定液中保存。

鱼类早期资源调查使用的网具为弶网，网口为长方形（1m 高×1.5m 宽），网具长 2m，由前向后逐渐变细，与集苗箱相通。通过集苗箱（0.8m 长×0.4m 宽×0.4m 高）收集鱼苗。网衣为网目 0.776mm 的筛绢制成。网口流速测定采用重庆水文仪器厂生产的 DJS 型打印式流速仪，并从相关部门收集水文资料。在解剖镜下根据体形、肌节数、色素形态、鳍（褶）形态、眼相对大小和位置等特征进行种类识别。鉴定主要依据《长江鱼类早期资源》，易伯鲁等对四大家鱼鱼苗的观察《葛洲坝水利枢纽与长江四大家鱼》、乔晔博士论文《长江鱼类早期形态发育与种类鉴别》及梁秩燊对西江常见鱼类的早期发育特征的描述《西江 49 种鱼类的早期发育特征》。

8.2 渔 业 资 源 概 况

8.2.1 鱼类区系

海南淡水及河口鱼类共有 16 目 58 科 143 属 200 种，其中淡水鱼类有 6 目 19 科 79 属

106 种（南渡江水系有 93 种）；河口鱼类有 14 目 43 科 91 种；洄游性鱼类 2 目 2 科 3 种，即日本鳗鲡、花鳗鲡和七丝鲚。

海南淡水鱼类以鲤形目为最多，有 72 种，占总数 67.92%；其次为鲈形目，有 20 种，占 18.87%；鲇形目 11 种，占 10.38%；鳉形目 2 种；合鳃目 1 种。在鲤形目中，鲤科鱼类种类最多，有 62 种。鲤科鱼类中以鲤亚科种类最多，有 16 种，占鲤科总数 25.81%；鲴亚科 13 种，占 20.97%；雅罗鱼亚科 9 种，占 14.52%；鮈亚科和鳑鲏亚科种类较少，分别为 8 种和 6 种；鲃亚科 4 种；鲢亚科和鲴亚科分别为 3 种和 2 种；鳅鲅亚科仅 1 种。鳅科和平鳍鳅科鱼类有 10 种。鲈形目的鰕虎鱼类多达 11 种，鮨科鱼类很少，只有 2 种。海南的淡水鱼类特有种很多，共计 16 种，其中鲃亚科有 3 种，雅罗鱼亚科 2 种，鮈亚科 3 种，鳑鲏亚科 1 种，平鮨鳅科 3 种，塘鳢鱼科 1 种，鰕虎鱼科 2 种，鮨科 1 种。此外青鱼、草鱼、鲢鱼、鳙鱼、露斯塔野鲮、蟾胡子鲶、非鲫鱼、食蚊鱼原不产于海南岛，系由大陆移入的养殖种类或随鱼苗一起带至本岛的野杂种类。

海南淡水鱼类的分布区系属于东洋区（Oriental Region）、华南亚区（South China Subregion）的海南分区（Hainan Province）。由五个区系复合体构成。

热带平原鱼类区系复合体：为原产于南岭以甫的热带、亚热带平原区各水系的鱼类，包括鲤科的鲃亚科大部分属种（墨头鱼属除外），雅罗鱼亚科的鲫鱼属、波鱼属、鲴亚科的细鲴属、华鲴属的个别种类、胡子鲶科、青鳉科、合鳃科、塘鳢科、鰕虎鱼科、攀鲈科、斗鱼科、鳢科、刺鳅科等鱼类共 55 种，约占纯淡水鱼类总数的 51.9%。

江河平原鱼类区系复合体：为第三纪由南热带迁入我国长江、黄河流域平原区，并逐渐演化为许多我国特有的地区性鱼类，包括鲤科的雅罗鱼亚科的大部分、鲴亚科、鲢亚科、鳑鲏亚科的大部分、鮈亚科的一部分、鮨科的鳜属鱼类共 31 种，占淡水鱼类的 29.2%。

中印山区鱼类区系复合体：为南方热带、亚热带山区急流生活的鱼类。包括鲃亚科的墨头鱼属、鳅科的鮨鳅属、平鮨鳅科、鮡科等。这些鱼类分布范围较狭，体具特化构造，能适应山区急流的环境，共 11 种，占淡水鱼类的 10.4%。

上第三纪鱼类区系复合体：为第三纪早期在北半球温热带地区形成，包括鲤科的鲤亚科、鮈亚科的麦穗鱼属、鳅科的泥鳅属、鲶科共 8 种，占淡水鱼类的 7.6%。

北方平原鱼类区系复合体：为北半球北部亚寒带平原地区形成的种类，本岛仅有鳅科的花鳅属 1 种，占淡水鱼类 0.9%。

综上所述，海南岛淡水鱼类的起源具有明显的热带平原性质。以热带平原鱼类区系复合体的种类最多，江河平原鱼类区系复合体次之，其余的鱼类区系复合体种类较少，有的仅具代表种。

海南的淡水鱼类在各水系的分布不尽相同，常具特有的种类。广泛分布于全岛各水系的有 29 种，即青鱼、草鱼、白鲢、鳙鱼、鲤鱼、鲫鱼、头条波鱼、南方马口鱼、海南华鲴、线细鲴、光倒刺鲃、锯倒刺鲃、条纹刺鲃、细尾铲颌鱼、纹唇鱼、鲫鱼、中华花鳅、胡子鲶、青鳉、黄鳝、斑鳢、南鳢、攀鲈、歧尾斗鱼、大刺鳅。分布于南渡江、万泉河和昌化江三大水系的有银鲴、大鳍刺鳑鲏、越南刺鳑鲏。分布于南渡江水系的有赤眼鳟、大鳞白鲢、彩石鲋、蒙古鲌、三角鲂、海南颌须鮈、无斑蛇鮈、斑鳢、高体鳜。

8.2.2 生态类群与生活史特征

根据鱼类的栖息环境特点，将南渡江鱼类大致分为以下 6 类群：

（1）急流底栖类，部分种类具特化的吸盘或类似吸盘的附着结构，适于附着在急流河底物体上生活，以附着藻类及有机碎屑等为食，也有少数头部不具特化的吸附结构但习惯于生活于激流的种类，或以藻类有机碎屑或以小型鱼类及软体动物等为食。有唇鲭、光倒刺鲃、虹彩光唇鱼、爬岩鳅、海南纹胸鲱等约 40 种，占 25.6%。

（2）缓流水类，主要或完全生活在江河流水环境中，体长形，略侧扁，游泳能力强，适应于流水生活。它们或以水底砾石等物体表面附着藻类为食，或以有机碎屑为食，或以底栖无脊椎动物为食，或主要以水草为食，或主要以鱼虾类为食，或为杂食性，这一类群是南渡江种类最多的类群，也是主要标志性类群，有美丽小条鳅、黄颡鱼、赤眼鳟、鳊等共 56 种，占 60.2%。

（3）静水类，适宜生活于静缓流水水体中，或以浮游动植物为食，或杂食，或动物性食性，部分种类须在流水环境下产漂流性卵或可归于流水性种类，该类群中有一定数量的外来种。这一类群种类有大鳞鲢、泥鳅、鳌、鲤、鲫、鲇等 26 种，占 28.0%。

按照食性，南渡江河段的淡水鱼类可以分为以下 3 个类：

（1）植食性：摄食植物性的食物，即以高等水生维管束植物或低等藻类为食。这类鱼类有倒刺鲃、草鱼、赤眼鳟、鳊等。

（2）肉食性：以动物性食物为主，又可分为 3 个亚类型：①凶猛肉食性，通常以较大的活脊椎动物为食，其中主要是鱼类；②温和肉食性，主要以水中的无脊椎动物为食；③浮游动物食性，以浮游甲壳类，如桡足类、枝角类为主食。这类鱼类有海南鲌、长臂鮠、高体鳜、斑鳢等。

（3）杂食性：对动植物性食物都能取食的鱼类。这类鱼类有美丽小条鳅、泥鳅、鳌、鲤、鲫等。

根据鱼类早期发育情况，南渡江河段淡水鱼类的繁殖类型可以分为以下 7 类：

（1）卵胎生鱼类，仅有食蚊鱼。

（2）产浮性卵鱼类，有大鳞鲢、海南细齿塘鳢、大鳞细齿塘鳢、叉尾斗鱼等。

（3）产漂流性卵鱼类，有草鱼、赤眼鳟、鲢、鳙等。

（4）产粘沉性卵鱼类，有长臂鮠、光倒刺鲃、南方白甲鱼、斑鳢、海南纹胸鲱等。

（5）产粘性卵鱼类，有鲤鱼、鲫鱼等。

（6）蚌内产卵鱼类，有大鳍鱊、须鱊、短须鱊、越南鱊、高体鳑鲏等。

（7）筑巢产卵鱼类，有瓦氏黄颡鱼、斑鳢等。

8.3　干流及支流淡水鱼类现状

南渡江干流九龙滩到龙塘江段采集标本 800 余尾，采集到鱼类 48 种。花鳗鲡及日本鳗鲡在渔获物中偶见，仅采集到 1 尾七丝鲚，未采集到大鳞白鲢、三角鲂、鳊、盘唇华鲮、倒刺鲃。以数量计，渔获物主要种类为鳌、越南鱊、海南鲌、唇鲭、乌塘鳢、银鮈、尼罗罗非鱼、海南墨头鱼、须鲫、半鳌、鲮等；以重量计，主要种类为鲮、鲢、鲤、乌塘鲮、海南鲌、唇鳎、鳌、尼罗罗非鱼、须鲫、光倒刺鲃、黄尾鲴、蒙古鲌等（图 8.1、表 8.1）。

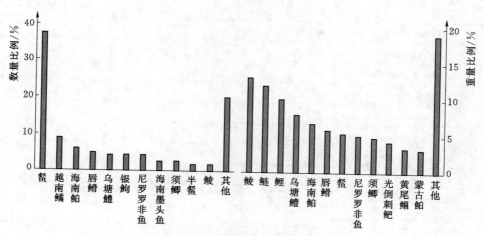

图 8.1　南渡江干流鱼类数量及种类组成比例

支流大塘河通过小网目刺网进行鱼类采样，采集到鱼类 40 余尾，共 6 种，包括海南红鲌（6.5%）、南方波鱼（2.2%）、越南刺鳑鲏（32.6%）、马口鱼（2.2%）、细鳊（4.3%）、鳌（52.2%）。

龙州河通过小网目刺网进行鱼类采样及市场走访，调查到的鱼类主要有半鳌、鳌、银鲴、尼罗罗非鱼、马口鱼、鲮、鲤、鲫、大刺鳅、纹唇鱼、条纹刺鲃、越南鳢，其中渔获物采集到鱼类 44 尾，比例分别为鳌（61.4%）、半鳌（36.3%）、银鲴（2.3%），其他种类为附近市场上所见。

巡崖河通过小网目刺网进行鱼类采样，调查到的鱼类主要有半鳌（1%）、鳌（92.2%）、海南红鲌（2.4%）、尼罗罗非鱼（1.8%）、光倒刺鲃（1%）、大刺鳅（1%）、赤眼鳟（0.5%）。

表 8.1　　　　　　　　　南渡江干流淡水鱼类目录及种类比例

编号	种　　类	历史记录	龙塘-九龙滩（本次调查）	数量比例
1	宽鳍鱲 *Zacco platypus*	√		
2	马口鱼 *Opsariichthys bidens*	√	√	1.0%
3	拟细鲫 *Nicholsicypris normalis*	√		
4	头条波鱼 *Rasbora cephalotaenia steineri*	√	√	0.2%
5	海南异鱲 *Parazacco spilurus fasciatus*	√		
6	草鱼 *Ctenopharyngodon idellus*	√	√	0.2%
7	赤眼鳟 *Squaliobarbus curriculus*	√	√	0.2%
8	红鳍鲌 *Culter erythropterus*	√	√	0.8%
9	海南红鲌 *Erythroculter recurviceps*	√	√	6.0%

续表

编号	种　　类	历史记录	龙塘-九龙滩 （本次调查）	数量比例
10	蒙古红鲌 *Erythroculter mongolicus*	√	√	1.2%
11	三角鲂 *Megalobrama hoffmanni*	√		
12	三角鲂 *Megalobrama terminalis*	√		
13	海南华鳊 *Sinibrama melrosei*	√	√	1.6%
14	鳘 *Hemiculter leucisxulus*	√	√	37.6%
15	海南鳘 *Hainania serrata*	√		
16	鳊 *Parabramis pekinensis*	√		
17	半鳘 *Pseudohemiculter dispar*	√	√	1.8%
18	线细鳊 *Rasborinus lineatus*	√	√	1.0%
19	台细鳊 *Rasborinus formosae*	√		
20	海南似鲚 *Toxabramis houdemeri*	√		
21	黄尾鲴 *Xenocypris davidi*	√	√	1.6%
22	银鲴 *Xenocypris argentea*	√	√	0.2%
23	鳙 *Aristichthys nobilis*	√	√	*
24	鲢 *Hypophthalmichthys molitrix*	√	√	0.8%
25	大鳞鲢 *Hypophthalmichthys harmandi*	√		
26	唇鱼骨 *Hemibarbus labeo*	√	√	5.0%
27	麦穗鱼 *Pseudorasbora parva*	√		
28	海南黑鳍鳈 *Sarcocheilichthys nigripinnis hainan*	√		
29	点纹银鮈 *Gnathopogon argentatus*	√	√	4.4%
30	海南颌须鮈 *Gnathopogon minor*	√		
31	嘉积棒花鱼 *Abbottina kachekensis*	√		
32	似鮈 *Pseudogobio vaillanti vaillanti*	√		
33	无斑蛇鮈 *Saurogobio immaculatus*	√	√	0.4%
34	高体鳑鲏 *Rhodeus ocellatus*	√	√	*
35	刺鳍鳑鲏 *Rhodeus spinalis*	√		
36	彩石鲋 *Pseudoperilampus lighti*	√	√	8.9%
37	海南石鲋 *Pseudoperilampus hainanensis*	√		
38	大鳍刺鳑鲏 *Acanthorhodeus macropterus*	√		
39	越南刺鳑鲏 *Acanthorhodeus tonkinensis*	√		
40	条纹二须鲃 *Capoeta semifasciolata*	√	√	*
41	光倒刺鲃 *Spinibarbus caldwelli*	√	√	0.8%
42	锯倒刺鲃 *Spinibarbus denticulatus*	√		
43	虹彩光唇鱼 *Acrossocheilus iridescens*	√		

续表

编号	种　　类	历史记录	龙塘-九龙滩（本次调查）	数量比例
44	南方白甲鱼 *Varicorhirius gerlachi*	√	√	0.2%
45	盆唇华鲮 *Sinilabeo discognathoides*	√		
46	鲮 *Cirrhina moitorella*	√	√	1.8%
47	露斯塔野鲮 *Labeo rohita*	√	√	*
48	纹唇鱼 *Osteoichilus salsburyi*	√	√	1.8%
49	东方墨头鱼 *Garra orientalis*	√	√	2.8%
50	细尾铲颌鱼 *Scaphesthes lepturus*	√		
51	海南瓣结鱼 *Tor brevifilis hainanensis*	√		
52	鲤 *Cyprinus carpio*	√	√	1.2%
53	尖鳍鲤 *Cyprinus acutidorsalis*	√	√	0.4%
54	须鲫 *Carassioides cantonensis*	√		2.8%
55	鲫 *Carassius auratus*	√		1.4%
56	海南鳅鮀	√		0.8%
57	美丽条鳅 *Nemacheilus pulcher*	√		
58	花带条鳅 *Schistura fasciolatus*	√		
59	中华花鳅 *Cobitis sinensis*	√		
60	泥鳅 *Misgurnus anguillicaudatus*	√	√	0.2%
61	广西华平鳅 *Pseudogastromyzon fangi*	√		
62	琼中拟平鳅 *Linigarhomaloptera disparis giongzhongensis*	√		
63	爬岩鳅 *Beaufortia leveretti*	√		
64	鲇 *Silurus asotus*	√	√	*
65	越南鲇 *Silurus cochinchinensis*	√		
66	长臀鮠 *Cranoglanididae bouderius*	√	√	*
67	胡子鲇 *Clarias fuscus*	√	√	0.2%
68	革胡子鲇 *Clarias bariachus*	√		
69	细黄颡鱼 *Pelteobagrus virgatus*	√	√	0.6%
70	江黄颡鱼 *Pelteobagrus vachelli*	√	√	0.4%
71	中间黄颡鱼 *Pelteobagrus intermedius*	√		
72	斑鳠 *Mystus guttatus*	√		
73	长鳠 *Mystus elongatus*	√		
74	海南纹胸鮡 *Glyptothorax hainanensis*	√		
75	黄鳝 *Monopterus albus*	√	√	*
76	大刺鳅 *Mastacembelus armatus*	√	√	0.4%
77	食蚊鱼 *Cambusia affinis*	√		

续表

编号	种　类	历史记录	龙塘-九龙滩 （本次调查）	数量比例
78	青鳉 *Oryzias latipes*	√		
79	石鳜 *Siniperca whiteheadi*	√		
80	高体鳜 *Siniperca robusta*	√		
81	尼罗罗非鱼 *Oreochromis niloticus*	√	√	4.2%
82	尖头塘鳢 *Eleotris oxycephala*	√	√	4.6%
83	项鳞节鰕虎鱼	√		
84	舌鰕虎鱼 *Glossogobius giuris*	√		
85	子陵吻鰕虎 *Rhinogobit giurinus*	√		0.2%
86	攀鲈 *Anabas testudineus*	√	√	0.4%
87	歧尾斗鱼 *Macropodus opercularis*	√		
88	斑鳢 *Channa maculata*	√		
89	月鳢 *Channa asiatica*	√	√	*
90	南鳢 *Channa gachua*	√		
91	日本鳗鲡 *Anguilla japonica*	√	√	*
92	花鳗鲡 *Anguilla marmorata*	√	√	*
93	七丝鲚 *Coilia grayii*	√	√	0.2%
	合　计	93	48	

注　标记 * 的种类为调查中渔获物偶见，未进行数量统计。

8.4　重要鱼类生态习性与重要生境

南渡江干流分布的纯淡水鱼类一共有 93 种，其中 90 种为本地鱼类，露斯塔野鲮、革胡子鲇、莫桑比克罗非鱼为外来种。其中列入国家二级保护动物有花鳗鲡，列入《中国物种红色名录》鱼类有 5 种，为花鳗鲡、台细鳊、长臀鮠、海南鲌、青鳉。南渡江记录 10 个特有种类，但除大鳞白鲢、无斑蛇鮈、高体鳜外，其他的种类可能为地理上隔离而出现的形态差异。洄游鱼类包括花鳗鲡、日本鳗鲡、七丝鲚，详见表 8.2。

表 8.2　　　　　　　　　　评价区洄游、保护、特有鱼类名录

类　别		种数	种　类
洄游种类		3	花鳗鲡、日本鳗鲡、七丝鲚
国家级保护鱼类	二级	1	花鳗鲡
中国物种红色名录	濒危（EN）	1	花鳗鲡
	易危（VU）	4	台细鳊、长臀鮠、海南鲌、青鳉
南渡江特有鱼类		10	大鳞白鲢、无斑蛇鮈、高体鳜等

海南岛是中新世、上新世才与大陆隔开的，在冰川期曾数次与大陆相连，其鱼类区系与大陆很相似，淡水鱼类鱼元江及红水河水系相同的有 62 种，与珠江水系相同的多达 78 种，与闽江水系相同的有 55 种。

8.4.1 洄游、珍稀、濒危及特有鱼类

历史记录南渡江分布有国家Ⅱ级保护动物花鳗鲡，进入中国濒危动物红皮书的鱼类有长臀鮠、台细鳊、海南鲞及青鳉，海南特有鱼类有大鳞白鲢、高体鳜等。

1. 花鳗鲡

花鳗鲡，又名鳝王、学鳗、芦鳗，属鳗鲡目、鳗鲡科、鳗鲡属。花鳗鲡分布较广，在非洲、大洋洲、亚洲一些地方有分布。我国长江下游以及以南的钱塘江、灵江、闽江、台湾、广东、海南及广西等江河。花鳗鲡体圆筒形，尾部稍侧扁，腹缘平直，头背缘稍呈弧形，吻端稍平扁，眼较小，眼间隔较宽。口大，前方口裂伸越眼后缘，鳃孔小。紧靠胸鳍基部前下方。体被细鳞，各鳞互相垂直交叉，呈席纹状。埋于皮下，侧线完全，起点在胸鲷前上方。平直。行于体中侧偏下方，侧线孔间距离较大。胸鳍短，后缘圆形，尾鳍末端稍尖，肛门在臀鳍起点前方。体背侧密布黄色斑块和斑点，腹部白色，胸鳍边缘黄色，其余各鳍也有许多蓝绿色斑块。

花鳗鲡是河海洄游鱼类，幼鱼生长于河口、沼泽、河溪、湖、塘、水库内，长成年的花鳗鲡于冬季降河洄游到江河口附近性腺才开始发育，而后进入深海产卵繁殖。南渡江每年 2—4 月幼鳗开始进入河口溯河觅食生长，在河溪中营穴居生活。花鳗鲡最大个体达 2.3m 以上，重 40～50kg，摄食小鱼、虾、贝类，为较凶猛肉食性鱼类。花鳗鲡溯游可攀越一定高度，涉水进入山溪河谷。

海南岛花鳗鲡苗总的分布趋势是东部沿海河流分布多，西部沿海河流少；南部与北部沿海河流介于两者之间。在南渡江河口到定安县江段为偶见品种，渔获物调查中难以采集到，但在海口市南渡江沿河的餐馆和农贸市场中可以见到，经询问为南渡江捕捞上来的种类。花鳗鲡种群小，而鳗鲡的人工繁殖目前还是世界上没有攻克的一个难题，因而有关花鳗鲡的研究，大多只是一些调查性与基础研究。

2. 七丝鲚

七丝鲚为暖水性溯河洄游鱼类，栖息于浅海中上层及河口，也进入江河中、下游江段。食物以甲壳类为主，其中以桡足类最为重要。七丝鲚群体组成以 1 龄鱼为主，亲鱼当年便成熟怀卵，每年 2—4 月和 8—9 月各繁殖 1 次。繁殖季节成熟个体成群洄游至江河，在沙底水流缓慢处分批产卵。

根据海南鱼类资料介绍，七丝鲚可见于海南岛各通海河流的河口水域。本次调查的鱼类早期资源中采集到七丝鲚的幼苗，根据在珠江流域的郁江中的调查资料，七丝鲚洄游进入江河后容易在水库中形成定居群体，因此初步估计七丝鲚幼苗来自松涛水库坝下江段。

3. 日本鳗鲡

日本鳗鲡为降河洄游种类，海洋出生，淡水成长，最后又回到海洋的出生地繁殖并结束一生。在河流、湖沼、水库淡水水域生活时，白天潜藏于石缝、岩洞和泥土中，夜间出来活动。鳗鲡具有洄游习性，性成熟的亲鱼在秋季降河入海，于深海处生殖，产卵后死亡；受精卵在海洋中孵化，仔鳗脱膜后向大陆方向漂游，并在漂游中变态，靠近河口后溯

水进入它们父母曾经生活过的江河湖泊；性凶猛，好动，贪食；喜光照、喜流水、喜温暖；善游泳又善钻洞，常穴居潜藏。具有皮肤、单鳃、冬眠式呼吸等三种特殊的呼吸方式。广盐性，海、淡水均能生活。适宜生长水温 13~30℃，致死水温的下限为 0℃。海南岛的南渡江、万泉河、太阳河等河口 10 月至次年 3 月均有鳗苗出现，高峰期是 12 月至次年 2 月，时间较广东大陆沿海河口早 1 个月。3 月间鳗苗体长已达 30~60mm。

4. 长臀鮠

长臀鮠属鲇形目，长臀鮠科，长臀鮠属。俗称骨鱼、枯鱼。体长，侧扁，背鳍起点为体最高处。头平扁，略呈三角形，背面骨粗糙裸露。吻突出，钝圆。口近端位，弧形，上颌略突出。上颌齿带横列，中间有裂缝；下颌齿带明显，分为左右两块；齿绒状。两鼻孔相隔较远；前鼻孔近吻端，呈短管状；后鼻孔有 1 对发达的鼻须，鼻须一般伸达眼后缘，个别略超过或仅至眼中心。上颌须 1 对，一般伸达胸鳍刺的 1/2~4/5，较小个体可达胸鳍刺的末端。下颌须 2 对，下颏外侧须一般达胸鳍起点，下颏内侧须可达峡凹部。鳃孔大，鳃膜游离。匙骨后端尖形，体无鳞，侧线直线形，背鳍很高，尖刀形，位于体背前部，硬刺的后缘和前缘的上部具弱锯齿；脂鳍短，后端游离；臀鳍很长，臀鳍条 26~34；胸鳍位低，后伸不达腹鳍；腹鳍位于背鳍基后，伸达臀鳍；尾鳍尖叉状，体背侧橄榄色，腹侧乳白色。鳍灰白，基部黄色。

长臀鮠为亚热带山麓河溪底层鱼类，喜清澈流水环境。善游，性贪食，以虾类、小鱼、底栖水生昆、小型贝类等为主食。长臀鮠为珠江水系特产种，主要分布于广西的左江、右江、红水河、邕江、郁江、黔江、浔江、西江、桂江，广东的北江，贵州的南盘江。海南岛的长臀鮠为另一亚种。

5. 大鳞白鲢

大鳞白鲢，简称大鳞鲢，是海南松涛水库的一种独特的淡水大型经济鱼类。它具有含脂率高、生长快、肥满度大、躯干部分大等优良经济性状。体呈银白色，背部色稍暗，偶鳍呈白色。大鳞鲢白天栖息于深水阴凉的地方，夜间游于水面觅食。较之其他白鲢，它具有头小、背高、躯干部分大、肥满度大，含脂率高的特点。

大鳞鲢平时多栖息于水流缓慢，水质较肥，浮游生物丰富的开阔水面；进入繁殖季节后，当降雨、水位上涨时，则集群至江河上游产卵洄游，进行自然繁殖。根据《海南岛淡水及河口鱼类志》记录，1970 年前，大鳞白鲢在松涛水库年产量为 10 万~25 万 kg，后来由于水库上游建设的一座小型水库破坏了大鳞白鲢的产卵场，导致其数量急剧减少，目前大鳞白鲢已经难以发现。

6. 台细鳊

台细鳊，体长而侧扁，背缘隆起，自腹鳍基部自肛门之间具腹棱。侧线完全或断续，前半段下弯。生活在缓流或静水水体，数量少。

体呈长棱形，侧扁，头后背不显著隆起，腹鳍基至肛门具棱。头小，尖细。吻短而钝，突出。口亚上位，斜裂。无须。眼大，位于头中央偏前。鳞薄而易脱落。侧线位于体中轴之下，前端微下弯，侧线鳞 45~47。背鳍位后；胸鳍末端尖；腹鳍短；臀鳍条多，基部长；尾鳍深叉状。体背灰色，下侧面和腹部银白，体侧中轴有灰色纵纹，尾鳍灰色，其他鳍微透明。

主要分布在我国台湾，此外，在海南岛部分水系、广西钦州（钦江）、广西藤县至云南罗平县的西江中也有分布。近年来由于南方的小河溪受自然和人为因素的作用，造成原有环境条件的改变，使台细鳊的生长、繁殖受到很大的影响。

8.4.2 鱼类重要生境

1. 鱼类产卵场分布

（1）已知产卵场。根据现场调查和走访调查，南渡江目前已查明的鱼类产卵场有龙塘镇光倒刺鲃、鲤鱼、鲫鱼等鱼类产卵场，定安县江段分布有黄颡鱼、鲤鱼产卵场，南渡江干流产卵场信息见表 8.3。

表 8.3　　　　　　　　　　　南渡江干流产卵场信息表

产卵场名称	位　置	长度/km	面积/km²	产卵鱼类	描　述
龙塘鱼类产卵场	海口市琼山区龙塘镇下游江东水厂附近	3	1.2	光倒刺鲃、鲤鱼、鲫鱼等	江段两岸水草茂盛，河中央分布有一个沙洲，河流一边急流一边缓流
定安鱼类产卵场	海口市定安县新坡镇	2	1	黄颡鱼、斑鳠、鲤鱼等	河床分布有礁石，适合底栖石缝生活鱼类产卵

龙塘产卵场江面宽约 0.4km 长约 3km，总面积约 1.2km²，该江段两岸水草茂盛，河中央分布有一个沙洲，河流一边急流一边缓流，是光倒刺鲃等鱼类繁殖的理想场所（图8.2）。

图 8.2　龙塘产卵现场生境照片

定安鱼类产卵场位于南渡江中上游江段，该产卵场江段河宽约 0.5km，长约 2km，总面积约 1km²，该江段河床分布有礁石，十分适合底栖石缝生活鱼类（如黄颡鱼、斑鳠等）产卵。

（2）早期资源调查。2015 年 4 月 24—29 日在南渡江龙塘坝下及定安县江段进行鱼苗鱼卵采集，共计 9 个样品，鱼苗 78 尾，卵 104 粒。鱼苗的种类有 8 种（属）。鱼苗中主要种类为**鳘**（33.3%）、**银鮈**（21.8%）、**鰕鳉**（14.1%）、七丝鲚（10.3%）、尼罗罗非鱼（8.9%）、半鳘（7.7%），其他种类为鲤、鲫、鲇，2015 年 4 月 24—29 日南渡江采集的部分鱼苗早期形态如图 8.3 所示。龙塘坝下采集 1 个样品，鱼苗种类仅有银鮈，刚孵出。定安县江段采集到的鱼卵种类全部为银鲴，发育期主要为桑葚期（少数为原肠早期），发育时间约 2h，按照水流速度推算鱼卵来自上游 5.7km 处江段。

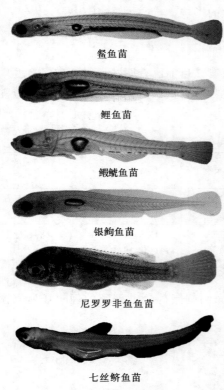

鳘鱼苗

鲤鱼苗

鳡鳡鱼苗

银鲴鱼苗

尼罗罗非鱼苗

七丝鲚鱼苗

图 8.3　部分鱼苗形态图

本次监测采集到漂流性鱼卵，种类为银鲴，同时也在下游监测点龙塘坝下采集到刚孵出的鱼苗，说明监测江段仍存在适宜产漂流性卵鱼类的产卵生境。从采集到的鱼卵发育情况来看，其产卵江段可能为定安县文化公园对开江面，从该江面的环境条件来看，该江段江面宽阔，左岸有大片河滩地，河中亦分布有多处河心滩，洪水季节这些滩地会被淹没。但据当地渔民及研究人员反映，未发现该江段有大量亲鱼集中产卵的现象。而本次采集到的鱼卵为银鲴，该种鱼类产卵对水流条件的要求相对较低，且采样样本数量较少，因此未能证明该江段存在较集中的产漂流性卵鱼类产卵场。

另外也采集到七丝鲚鱼苗，根据研究文献记载，其来源可能是松涛水库坝下江段。

从本次监测结果分析，南渡江产卵繁殖的种类以产粘沉性卵的为主，如鳘、鲤、鲫等；定安县上游分布有银鲴、七丝鲚产卵江段。

2. 鱼类越冬场

由于调查河流地处亚热带，冬季平均气温在 19℃，故不存在越冬场。

3. 鱼类索饵场

调查河段没有发现鱼类饵料集中的水域，鱼类摄食行为较为分散，没有形成集中的索饵场。

4. 增殖放流站

根据走访调查，南渡江目前还没有专门的增殖放流站，也没有组织大规模的增殖放流活动。

8.5　鱼类资源现状变化分析

根据《海南岛淡水及河口鱼类志》记录，1970 年前，大鳞白鲢在松涛水库年产量为 10 万～25 万 kg，后来由于水库上游建设的一座小型水库破坏了大鳞白鲢的产卵场，导致其资源衰竭。至 20 世纪 80 年代，南渡江的鱼类资源就已经显著衰退，大鳞白鲢、盘唇华鲮、光倒刺鲃、倒刺鲃等数量明显减少。

为了解南渡江鱼类资源状况，查阅近年相关调查。根据陈辈乐等（2008 年）在南渡江上游鹦哥岭地区调查，采集到鱼类 50 种，其中外来种类 3 种；根据崔友勇等（2011

年）调查，南渡江上游鹿母湾采集到鱼类 21 种，为海南异鱲、马口鱼、拟细鲫、虹彩光唇鱼、细尾白甲鱼、鲮、盘唇华鲮、鲫、中华花鳅、泥鳅、美丽小条鳅、横纹南鳅、无斑南鳅、海南原缨口鳅、爬岩鳅、胡子鲇、斑鳢、大刺鳅、叉尾斗鱼、宽额鳢、月鳢。

本次调查资料表明，南渡江分布的 93 种淡水鱼类中，大鳞白鲢、三角鲂、鳊、盘唇华鲮、尖鳍鲤、倒刺鲃、斑鳢等资源衰退，其中大鳞白鲢已经难以发现；海南鲌、鲴类、唇鲭、须鲫、海南华鳊、鲤、鲫等种类仍是主要的优势种，其他一些种类，如海南异鱲、马口鱼、拟细鲫、虹彩光唇鱼则主要分布在河流的上游及支流。

从调查中了解到，目前南渡江中鱼类资源是贫乏的。虽然资源种类还较丰富，但种类种群资源量已十分微小，也没有某个种类有大群体、占相对较大比例。由于总体资源贫乏，捕捞生产者很难维持专业生产者的生计。实际上，河流两岸村民很少有专业渔民，即使是可以加大生产规模如造快船、添大网，且鱼虾市场价格颇好的今天，江上捕捞生产者一般都是兼业生产者。

南渡江中的鱼类资源量小有多方面的原因。一是过度捕捞及非法捕捞；二是生境特征，目前南渡江河口三角洲水域面积小，没有丰富的河网，限制了鱼类的栖息、摄食等；三是水坝建设及水污染等。

9

水 生 态 评 价 方 案

南渡江水生态调查与评价的总体目标就是要了解南渡江的水生态状况，进而了解导致南渡江健康出现问题的原因，掌握南渡江水生态健康变化规律。在《河流健康评估指标、标准与方法（试点工作）》（水利部水资源司、河湖健康评估全国技术工作组，以下简称《河流方法》）的基础上，根据河流特点，确定南渡江水生态健康评估方案。

9.1   调查评价指标选择原则

（1）科学认知原则。基于现有的科学认知，可以基本判断其变化驱动成因的评价指标。

（2）数据获得原则。评价数据可以在现有监测统计成果基础上进行收集整理，或采用合理（时间和经费）的补充监测手段可以获取的指标。

（3）评价标准原则。基于现有成熟或易于接受的方法，可以制定相对严谨的评价标准的评价指标。

（4）相对独立原则。选择评价指标内涵不存在明显的重复。

9.2   河流水生态调查与评价方法

9.2.1   河流分段评价方案

根据河流水文特征、河床及河滨带形态、水质状况、生物群落特征以及流域经济社会发展特征的相同性和差异性将评价河流分为若干评价河段。

南渡江上游的松涛水库是流域开发最早的大型水利枢纽工程，以灌溉为主，兼有发电、防洪、供水等综合效益，是琼北、琼西北干旱区的重要灌溉水源工程。该枢纽也是儋州市城乡和洋浦经济开发区可靠的生活、生产用水水源工程，同时工程的发电效益也较显著。目前水库的运行调度过程中，除遇较大洪水时有少量泄入本流域外，平时将水量跨流域引至琼北地区供松涛灌区使用。因此松涛水库的引调水对流域下游地区的水资源量产生显著影响。

松涛水库坝址以下至九龙滩为南渡江中游，河长83km，属低山丘陵，山间谷沟发育，河道迂回弯曲，两岸坡陡。九龙滩以下为南渡江下游，河长114km，属丘陵台地及滨海平原三角洲，河道宽阔，坡降平缓，沙洲、小丘及浅滩较多，两岸是平坦的台地，大部分为农田。

根据南渡江的流域特点，划分为3个评价单元（图9.1）。

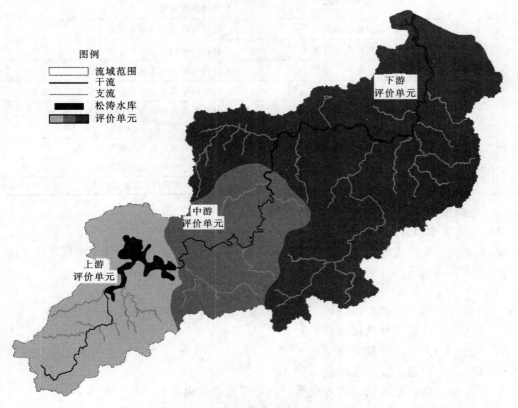

图9.1 南渡江分段评价方案示意图

9.2.2 评价指标选择

根据《河流方法》，结合南渡江流域特点，选择以下河流水生态调查与评价指标（详见表9.1、图9.2）。南渡江水生态评价指标体系包括水文水资源、河流形态、水质状态、生物群落、社会服务功能等5个要素。

表9.1　　　　　　　　　　　　南渡江水生态调查与评价指标体系

南渡江水生态评价指标	要素	序号	评价指标	流域指标	河段指标	指标意义
	水文水资源 HR	1	流量变异程度	√		评价河段评价年内实测月径流过程与天然月径流过程的差异
		2	生态流量满足程度	√		指为维持河流生态系统的不同程度生态系统结构、功能而必须维持的流量过程

要素	序号	评价指标	流域指标	河段指标	指标意义
河流形态 RM	3	河岸带状况		✓	评价河岸带的稳定性、植物覆盖率、人为干扰等多个要素
	4	河流纵向连通性	✓		评价河流对鱼类等生物物种迁徙及水流与营养物质传递阻断状况
水质状态 WQ	5	溶解氧状况		✓	评价河流溶解氧浓度水平
	6	耗氧污染物状况		✓	评价河流耗氧污染物浓度水平
	7	重金属污染状况		✓	评价河流受重金属污染状况
生物群落 BC	8	底栖动物指数		✓	以底栖动物群落结果评价河流生态状况
	9	着生硅藻指数		✓	计算硅藻特定污染敏感指数（IPS）评价河流生态状况
	10	鱼类损失系数	✓		调查评价河段鱼类种类变化状况
社会服务功能 SF	11	水功能区达标		✓	评价河流水质状况与水体规定功能的适宜性
	12	公众满意程度		✓	反映公众对评价河流景观、美学价值等的满意程度

（南渡江水生态评价指标）

9.2.3 指标说明

9.2.3.1 水文水资源（HR）

水文水资源采用流量变异程度（FD）和生态基流满足程度（EF）两个指标进行评价。

水文水资源得分采用分类权重法计算各指标的评价分值，具体如下：

$$HR_r = FD_r \times FD_w + EF_r \times EF_w \tag{9.1}$$

式中　HR_r——水文水资源得分；

　　　FD_r——流量变异程度得分；

　　　FD_w——流量变异程度权重；

　　　EF_r——生态基流满足程度得分；

　　　EF_w——生态基流满足程度权重。两指标权重均取 0.5。

（注：本报告涉及的公式中，除特别说明外，指标下标为"r"表示该指标得分，下标为"w"表示该指标的计算权重，下同。）

（1）流量变异程度（FD）。流量过程变异程度指现状开发状态下，评价河段评价年内实测月径流过程与天然月径流过程的差异。反映评价河段监测站点以上流域水资源开发利用对评价河段河流水文情势的影响程度。

流量过程变异程度由评价年逐月实测径流量与天然月径流量的平均偏离程度表达，计算公式如下：

$$FD = \left\{ \sum_{m=1}^{12} \left(\frac{q_m - Q_m}{\overline{Q}_m} \right)^2 \right\}^{1/2}, \quad \overline{Q}_m = \frac{1}{12} \sum_{m=1}^{12} Q_m \tag{9.2}$$

式中　q_m——评价年实测月径流量；

　　　Q_m——多年平均天然月径流量；

　　　$\overline{Q}_m$——多年平均天然月径流量年均值，天然径流量按照水资源调查评价相关技术规划得到的还原量。

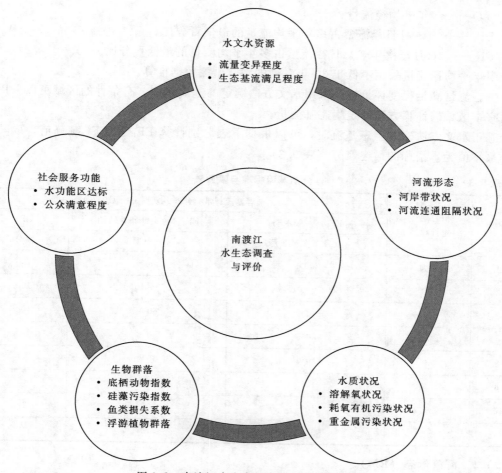

图 9.2　南渡江水生态健康评价指标组成图

流量过程变异程度指标（FD）值越大，说明相对天然水文情势的河流水文情势变化越大，对河流生态的影响也越大。

流量过程变异程度指标（FD）的赋分标准为根据全国重点水文站 1956—2000 年实测径流与天然径流计算获得，见表 9.2。

表 9.2　　　　　　　　　　　　　流量过程变异程度指标赋分表

流量变异程度 FD	0.05	0.1	0.3	1.5	3.5	5
赋分 FD_r	100	75	50	25	10	0

（2）生态流量满足程度（EF）。河流生态流量是指为维持河流生态系统的不同程度生态系统结构、功能而必须维持的流量过程。采用最小生态流量进行表征。

EF 指标表达式为

$$\mathrm{EF}_1 = \min\left[\frac{q_d}{Q}\right]_{m=4}^{9}, \quad \mathrm{EF}_2 = \min\left[\frac{q_d}{Q}\right]_{m=10}^{3} \tag{9.3}$$

式中　q_d——评价年实测日径流量；

$\overline{Q}$——多年平均径流量；

EF_1——4—9月日径流量占多年平均流量的最低百分比；

EF_2——10月至次年3月日径流量占多年平均流量的最低百分比。

多年平均径流量采用不低于30年系列的水文监测数据推算。

生态流量满足程度评价标准采用水文方法确定的基流标准。有条件的区域可以采用更加适宜本区域的计算方法确定生态基流量。

基于水文方法确定生态基流时，可以根据下表分别计算 EF_1 和 EF_2 赋分值，取其中赋分最小值为本指标的最终赋分（表9.3）。

表9.3 分期基流标准与赋分表

分级	栖息地等定性描述	推荐基流标准（年平均流量百分数）		EF_r 赋分
		EF_1：一般水期（10月至次年3月）	EF_2：鱼类产卵育幼期（4—9月）	
1	最大	200%	200%	100
2	最佳	60%～100%	60%～100%	100
3	极好	40%	60%	100
4	非常好	30%	50%	100
5	好	20%	40%	80
6	一般	10%	30%	40
7	差	10%	10%	20
8	极差	<10%	<10%	0

9.2.3.2 河流形态（RM）

南渡江的河流形态采用河岸带状况（RS）、河流纵向连通性（RC）进行评价。

其中，河岸带状况包括河岸稳定性（BKS）、河岸带植被覆盖度（RVS）、河岸带人工干扰程度（RD）；河流纵向连通性主要调查评价河流对鱼类等生物物种迁徙及水流与营养物质传递阻断状况，重点调查评价区内的闸坝阻隔特征。

河流形态赋分采用分类权重法计算各指标的评价分值，具体如下：

$$RM_r = RS_r \times RS_w + RC_r \times RC_w \tag{9.4}$$

式中 RM_r——河流形态得分；RS_w 和 RC_w 分别为河岸带状况和河流连通性指标权重，权重分别为0.7和0.3。

（1）河岸带状况（RS_r）。

1）岸坡稳定性指数（BKS）。河岸岸坡稳定性评价要素包括：岸坡倾角、河岸高度、基质特征岸、坡植被覆盖度和坡脚冲刷强度。计算公式为

$$BKS_r = \frac{SA_r + SC_r + SH_r + SM_r + ST_r}{5} \tag{9.5}$$

式中 BKS_r——岸坡稳定性指标赋分；

SA_r——岸坡倾角分值；

SC_r——岸坡覆盖度分值；

SH_r——岸坡高度分值；

SM_r——河岸基质分值；

ST_r——坡脚冲刷强度分值，各项分值按表 9.4 标准赋分。

表 9.4 岸坡稳定性指数（BKS）赋分标准

岸坡特征	BKS	稳定	基本稳定	次不稳定	不稳定
分值	BKS_r	90	75	25	0
斜坡倾角（SA）/(°)(<)		15	30	45	60
植被覆盖度（SC）/%（>）		75	50	25	0
岸坡高度（SH）/m（<）		1	2	3	5
河岸基质（SM）（类别）		基岩	岩土河岸	黏土河岸	非黏土河岸
坡脚冲刷强度（ST）		无冲刷迹象	轻度冲刷	中度冲刷	重度冲刷
总体特征描述		近期内河岸不会发生变形破坏，无水土流失现象	河岸结构有松动发育迹象，有水土流失迹象，但近期不会发生变形和破坏	河岸松动裂痕发育趋势明显，一定条件下可以导致河岸变形和破坏，中度水土流失	河岸水土流失严重，随时可能发生大的变形和破坏，或已经发生破坏

2）河岸带植被覆盖度（RVS）。采用直接赋分法，计算公式为

$$RVSr = \frac{TC_r + SC_r + HC_r}{3} \tag{9.6}$$

式中 TC_r、SC_r、HC_r——分别为评价区所在生态分区参考点的乔木、灌木及草本植物覆盖度，按表 9.5 进行赋分。

表 9.5 河岸带植被覆盖度（RVS）赋分标准

植被覆盖度 （乔木 TC、灌木 SC、草本 HC）	赋分	说　　明
RVS	RVS_r	
0~10%	0~30	植被稀疏
10%~40%	30~60	中度覆盖
40%~75%	60~100	重度覆盖
>75%	100	极重度覆盖

3）河岸带人工干扰程度（RD）。重点调查评价在河岸带及其邻近陆域进行的 9 类人类活动包括：河岸硬性砌护、采砂、沿岸建筑物（房屋）、公路（或铁路）、垃圾填埋场或垃圾堆放、河滨公园、管道、采矿、农业耕种、畜牧养殖等。

对评价区采用每出现一项人类活动减少其对应分值的方法进行河岸带人类影响评价。无上述活动的河段赋分为 100 分，根据所出现人类活动的类型及其位置减除相应的分值，直至 0 分，具体见表 9.6。

表 9.6   **河岸带人工干扰程度（RD）赋分标准**

人类活动类型	赋分	人类活动类型	赋分
RD	RDr	垃圾填埋场或垃圾堆放	−60
河岸硬性砌护	−5	河滨公园	−5
采砂	−40	管道	−5
沿岸建筑物（房屋）	−10	农业耕种	−15
公路（或铁路）	−10	畜牧养殖	−10

4）河岸带状况分数计算。河岸带状况分数在上述 3 个指标的基础上计算，公式为

$$RS_r = BKS_r \times BKS_w + RVS_r \times RVS_w + RD_r \times RD_w \tag{9.7}$$

式中 BKS_w、RVS_w、RD_w——岸坡稳定性指数、河岸带植被覆盖度与河岸带人工干扰程度的指标权重，分别取 0.25、0.5 与 0.25。

（2）河流纵向连通性（RC）。河流连通阻隔状况主要调查评价河流对鱼类等生物物种迁徙及水流与营养物质传递阻断状况。重点调查监测站点以下至河口（干流、湖泊、海洋等）河段的闸坝阻隔特征，闸坝阻隔分为 4 类情况：

1）完全阻隔（断流）。

2）严重阻隔（无鱼道、下泄流量不满足生态基流要求）。

3）阻隔（无鱼道、下泄流量满足生态基流要求）。

4）轻度阻隔（有鱼道、下泄流量满足生态基流要求）。

对评价站点下游河段每个闸坝按照阻隔分类分别赋分，然后取所有闸坝的最小赋分，按照式（9.8）计算评价站点以下河流纵向连续性赋分。

$$RC_r = 100 + Min[(DAM_r)_i, (GATE_r)_j] \tag{9.8}$$

式中，$(DAM_r)_i$，$(GATE_r)_j$ 为各个闸坝水量及物质流通阻隔特征，评价赋分见表 9.7。

表 9.7   **闸坝纵向连通性赋分表**

鱼类迁移阻隔特征	水量及物质流通阻隔特征	赋分
无阻隔	对径流没有调节作用	0
有鱼道，且正常运行	对径流有调节，下泄流量满足生态基流	−25
无鱼道，对部分鱼类迁移有阻隔作用	对径流有调节，下泄流量不满足生态基流	−75
迁移通道完全阻隔	部分时间导致断流	−100

9.2.3.3 水质状况（WQ）

水质状况指标采用 GB 3838—2002《地表水环境质量标准》中的基本项目指标，分为溶解氧（DO）状况、耗氧有机污染（OCP）状况、重金属污染（HMP）状况 3 类。各指标赋分参照水质类别划分采用插值法求得，各指标权重（DO_w、OCP_w、HMP_w）依次取 0.4、0.3、0.3。

$$WQ_r = DO_r \times DO_w + OCP_r \times OCP_w + HMP_r \times HMP_w \tag{9.9}$$

（1）溶解氧状况（DO）。溶解氧对水生动植物十分重要，过高和过低的 DO 对水生生

物均造成危害。

等于及优于Ⅲ类的水质状况满足鱼类生物的基本水质要求，因此采用 DO 的Ⅲ类限值 5mg/L 为基点，DO 状况指标赋分见表9.8。

表 9.8　　　　　　　　　　**DO 水质状况指标赋分表**

DO/(mg/L) (>)		7.5（或饱和度>90%）	6	5	3	2	0
赋分	DO_r	100	80	60	30	10	0

（2）耗氧污染物状况（OCP）。耗氧污染物指导致水体中溶解氧大幅度下降的污染物，取高锰酸盐指数（COD_{Mn}）、化学需氧量（COD_{Cr}）、五日生化需氧量（BOD_5）、氨氮（NH_3-N）等 4 项对河流耗氧污染状况进行评价。

$$OCP_r = \frac{COD_{Mnr} + COD_{Crr} + BOD_{5r} + NH_3-N_r}{4} \tag{9.10}$$

各指标赋分值见表9.9。

表 9.9　　　　　　　　　　**耗氧有机污染状况赋分表**

高锰酸盐指数/(mg/L) (<)	COD_{Mnr}	2	4	6	10	15
化学需氧量/(mg/L) (<)	COD_{Crr}	15	17.5	20	30	40
五日生化需氧量/(mg/L) (<)	BOD_{5r}	3	3.5	4	6	10
氨氮/(mg/L) (<)	NH_3-N_r	0.15	0.5	1	1.5	2
赋分	OCP_r	100	80	60	30	0

（3）重金属污染状况（HMP）。重金属污染是指含有汞、镉、铬、铅及砷等生物毒性显著的重金属元素及其化合物对水的污染。选取砷、汞、镉、铬（六价）、铅等 5 项评价水体重金属污染状况。

$$HMP_r = \frac{As_r + Hg_r + Cd_r + Cr_r + Po_r}{5} \tag{9.11}$$

各指标赋分值见表9.10。

表 9.10　　　　　　　　　　**重金属污染状况赋分表**

砷/(mg/L) (<)	As_r	0.05		0.1
汞/(mg/L) (<)	Hg_r	0.00005	0.0001	0.001
镉/(mg/L) (<)	Cd_r	0.001	0.005	0.01
铬（六价）/(mg/L) (<)	Cr_r	0.01	0.05	0.1
铅/(mg/L) (<)	Pb_r	0.01	0.05	0.1
赋分	HMP_r	100	60	0

9.2.3.4　生物群落（BC）

南渡江生物群落指标采用底栖动物指数着生硅藻指数进行评价。其中底栖动物以底栖动物指数 BI 表示，着生硅藻指数以特定污染敏感指数（IPS）表示，鱼类损失系数以 FOE 表示。生物群落分数在以上两个指标的基础上计算：

$$BC_r = IPS_r \times IPS_w + BI_r \times BI_w + FOE_r \times FOE_w \tag{9.12}$$

式中　　　　　　BC_r——生物群落得分；

IPS_r、BI_r、FOE_r——着生硅藻指数、底栖动物指数、鱼类损失系数得分，各评价指标的权重；

IPS_w、BI_w、FOE_w——分别取 0.4、0.4、0.2。

（1）底栖动物指数（BI）。利用 BI 指数计算值对底栖动物群落生态指示性进行赋分，具体见表 9.11。

表 9.11　　　　　　　　　　　　　　BI 指 数 赋 分 方 法

BI 指数值	赋分	BI 指数值	赋分
（0～3.50]	（100～65]	（6.50～8.50]	（35～15]
（3.50～5.50]	（65～45]	（8.50～10.0]	（15～0]
（5.51～6.50]	（45～35]		

（2）着生硅藻指数（IPS）。可利用 IPS 指数计算值对着生硅藻群落生态指示性进行赋分，具体见表 9.12。

表 9.12　　　　　　　　　　　　　IPS 指 数 赋 分 方 法

指数值	赋分	指数值	赋分
IPS≥17	100	9>IPS≥5	25～50
17>IPS≥13	75～100	IPS<5	0～25
13>IPS≥9	50～75		

（3）鱼类损失系数（FOE）。采用生物完整性评价的生物物种损失方法确定。鱼类损失系数指评价河段内鱼类种数现状与历史参考系鱼类种数的差异状况，调查鱼类种类不包括外来物种。该指标反映流域开发后，河流生态系统中顶级物种受损失状况。

鱼类损失系数标准建立采用历史背景调查方法确定。选用 20 世纪 80 年代作为历史基点，调查评价河流流域鱼类历史调查数据或文献。

基于历史调查数据分析统计评价河流的鱼类种类数，在此基础上，开展专家咨询调查，确定本评价河流所在水生态分区的鱼类历史背景状况，建立鱼类指标调查评价预期。

鱼类损失系数计算公式如下：

$$FOE = \frac{FO}{FE} \tag{9.13}$$

式中　FOE——鱼类损失系数；

　　　　FO——评价河段调查获得的鱼类种类数量；

　　　　FE——1980 年以前评价河段的鱼类种类数量。

鱼类损失系数赋分标准见表 9.13。

表 9.13   鱼类损失系数赋分标准表

鱼类损失系数	FOE	1	0.85	0.75	0.6	0.5	0.25	0
赋分	FOE_r	100	80	60	40	30	10	0

9.2.3.5 社会服务功能 (SF)

社会服务功能指标评价采用水功能区达标（WFZ）、公众满意程度（PP）两个指标。社会服务功能得分计算公式为

$$SF_r = WFZ_r \times WFZ_w + PP_r \times PP_w \tag{9.14}$$

式中 SF_r——社会服务功能得分；

WFZ_r、PP_r——水功能区达标得分、公众满意度得分，两个指标权重（WFZ_w、PP_w）分别取 0.7、0.3。

（1）水功能区达标。以水功能区水质达标率表示。水功能区水质达标率是指对评价河流包括的水功能区按照 SL 395—2007《地表水资源质量评价技术规程》规定的技术方法确定的水质达标个数比例。该指标重点评价河流水质状况与水体规定功能，包括生态与环境保护和资源利用（饮用水、工业用水、农业用水、渔业用水、景观娱乐用水）等的适宜性。水功能区水质满足水体规定水质目标，则该水功能区的规划功能的水质保障得到满足。

针对南渡江水质达标评价，采用 2014 年水质监测结果，计算南渡江水质达标次数，水功能区水质达标率指标赋分计算如下：

$$WFZ_r = WFZP \times 100 \tag{9.15}$$

式中 WFZ_r——评价河流水功能区水质达标率指标赋分；

    $WFZP$——评价河流水功能区水质达标次数占全年比例。

（2）公众满意程度。通过收集分析公众调查表，统计有效调查表调查成果，根据公众类型和公众总体评价赋分，按照式（9.17）计算公众满意度指标赋分。

$$PP_r = \frac{\sum_{n=1}^{NPS} PER_r \times PER_w}{\sum_{n=1}^{NPS} PER_w} \tag{9.16}$$

式中 PP_r——公众满意度指标赋分；

    PER_r——有效调查公众总体评价赋分；

    PER_w——公众类型权重。

公众调查总体评价结论赋分，公众类型权重见表 9.14。

表 9.14   公众类型赋分统计权重

调查公众类型		权重
沿岸居民（河岸以外 1km 以内范围）		3
非沿岸居民	水库管理者	2
	水库周边从事生产活动	1.5
	经常来旅游	1
	偶尔来旅游	0.5

9.2.3.6 水生态调查与评价赋分

南渡江水生态综合评价指数（NDJH）在以上指标的基础上综合计算，公式为

$$NDJH = HR_r \times HR_w + RM_r \times RM_w + WQ_r \times WQ_w + BC_r \times BC_w + SF_r \times SF_w \quad (9.17)$$

式中　　HR_w、RM_w、WQ_w、BC_w、SF_w——各项指标的权重，依次为 0.2、0.1、0.3、0.3、0.1。

综合计算得到的南渡江水生态现状得分按照表 9.15 进行等级划分。

表 9.15　　　　　　　　　　　南渡江健康综合评价等级划分表

等级	类型	颜色	赋分范围	说　明
1	理想	蓝	80～100	接近参考状况或预期目标
2	健康	绿	60～80	与参考状况或预期目标有较小差异
3	亚健康	黄	40～60	与参考状况或预期目标有中度差异
4	不健康	橙	20～40	与参考状况或预期目标有较大差异
5	病态	红	0～20	与参考状况或预期目标有显著差异

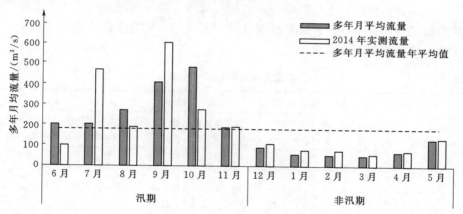

10

水 生 态 现 状 评 价

根据评价方案及调查结果，对南渡江水生态现状进行评价。

10.1 水 文 水 资 源

10.1.1 流量变异程度[❶]

以南渡江龙塘断面的水文资料（1960—2008 年）计算多年平均天然月径流量、多年平均天然月径流量年均值，以 2014 年为评价年，如图 10.1 所示。

图 10.1 评价年实测径流量和多年平均月径流量对比图

南渡江流量变异程度 FD＝2.4，即南渡江流量变异程度评价得分 FD_r 为 18。

10.1.2 生态基流满足程度

根据《南渡江流域综合规划（修编）环境影响报告书》，龙塘断面生态基流为 22.5m³/s，计算南渡江生态基流满足程度为 98%，其中汛期满足程度为 100%，非汛期满足程度为 95.4%。

---

❶ 本部分计算结果参考《珠江片水资源保护规划（2015—2030）》。

南渡江生态基流满足程度得分为 100 分。

10.1.3 水文水资源评价结果

综合上述指标计算结果可知，南渡江水文水资源评价得分为 59 分（表 10.1），处于亚健康状态，主要原因为 2014 年流量变异程度较大。

表 10.1   **南渡江水文水资源得分表**

指标	流量变异程度 FD_r	生态基流满足程度 EF_r
权重	0.5	0.5
得分	18	100
南渡江水文水资源得分	59	

10.2 河 流 形 态

10.2.1 河岸带状况

从调查结果来看，南渡江调查站点的河岸带大多数坡度较缓，基本均小于 45°。河岸带植被覆盖程度在上、下游存在差异：上游河岸沿途村庄较少，植被覆盖度较高，其中主要以灌木为主，乔木较少；下游河岸分布有村庄城镇，部分河段进行了防洪堤岸固化，河岸多有建筑物或公路分布，植被覆盖较少，其中永发、定安河段还有采砂活动。

南渡江河岸带状况得分见表 10.2。

表 10.2   **南渡江河岸带状况评分表**

调查站点			河岸稳定性 BKS_r / BKS_w	河岸植被覆盖度 RVS_r / RVS_w	河岸带人工干扰程度 RD_r / RD_w	河岸带状况得分 RS_r
			0.25	0.50	0.25	
上游	福才	左岸	72	47	100	
		右岸	72	47	100	
	南丰	左岸	51	15	100	56
		右岸	51	15	100	
	平均		62	31	100	
中游	九龙	左岸	87	47	100	
		右岸	87	47	100	
	金江	左岸	60	15	70	55
		右岸	60	15	70	
	平均		74	31	85	

调查站点			指标			河岸带状况 得分 RS_r
			河岸稳定性 BKS_r	河岸植被覆盖度 RVS_r	河岸带人工干扰程度 RD_r	
			BKS_w	RVS_w	RD_w	
			0.25	0.50	0.25	
下游	永发	左岸	36	15	60	37
		右岸	36	15	60	
	定安	左岸	33	15	35	
		右岸	33	15	35	
	龙塘	左岸	15	15	70	
		右岸	15	15	70	
	南渡江大桥	左岸	74	47	90	
		右岸	74	47	90	
	流水坡	左岸	41	15	75	
		右岸	41	15	75	
	平均		40	21	66	
南渡江河岸带状况得分						49

10.2.2 河流纵向连通性

河流连通性主要调查评价河流因为闸坝阻隔等原因对鱼类等生物物种迁徙及水流与营养物质传递阻隔的影响。南渡江目前干流已建有松涛水库、谷石滩、九龙滩、金江、龙滩等 5 个梯级，东山梯级已获批，将于近期开工建设。

其中，松涛水库由于其功能任务，除遇较大洪水时有少量泄入本流域外，平时将水量跨流域引至琼北地区供松涛灌区使用。因此，松涛水库已将南渡江划分为两个孤立的生态单元。松涛水库以下各梯级均未设置过鱼通道，其中谷石滩和九龙滩坝高较高（分别为 23m 和 14m），从其运行情况来看，生物迁移（特别是鱼类）及物质输送均受到阻隔。中下游的金江、龙塘为低水头径流式闸坝，虽然未设置过鱼设施，但由于坝体高度不大，在鱼类生殖洄游的季节（一般为洪水季节）上游来水可漫坝而下，上下游水位恢复一致，河道流态基本恢复天然状态。

南渡江河流纵向连通性得分为 0 分，其中上中下游各河段得分详见表 10.3。

表 10.3 南渡江河流纵向连通性得分表

河段	闸坝名称	阻隔特征	赋分	河段纵向 连通性得分 RC_r
上游	松涛水库	完全阻隔	−100	0
中游	谷石滩	完全阻隔	−100	0
	九龙滩	完全阻隔	−100	

续表

河段	闸坝名称	阻 隔 特 征	赋分	河段纵向 连通性得分 RC_r
下游	金山	无鱼道，对部分鱼类有阻隔影响	−75	25
	龙塘	无鱼道，对部分鱼类有阻隔影响	−75	
南渡江河流纵向连通性得分				0

10.2.3　河流形态评价结果

综合上述指标结果可得，南渡江河流形态得分为 35 分（表 10.4）。

南渡江河流形态处于不健康状态。从得分情况来看，河流纵向连通性是影响南渡江河流形态健康的主要因素。南渡江上下游建设的闸坝工程（特别是引调水工程）对南渡江生物迁移和物质流动起到明显的阻隔作用。另外，南渡江中下游的城镇、防洪堤固化、公路、采砂等都对河岸带有一定的消极影响。

表 10.4　　　　　　　　　　　　南渡江河流形态得分表

指标		河岸带状况 RS	河流纵向连通性 RC
权重		0.7	0.3
得分	上游	56	0
	中游	55	0
	下游	37	25
	南渡江	49	0
南渡江河流形态得分		34	

10.3　水　质　状　况

10.3.1　溶解氧状况

南渡江溶解氧状况得分见表 10.5。

从评价结果来看，南渡江各站点溶解氧浓度均较高。

表 10.5　　　　　　　　　　　　南渡江溶解氧状况得分表

评 价 河 段		溶解氧状况得分 DO_r	
上游	福才	94	93
	南丰	91	
中游	九龙	91	91
	金江	91	

续表

评价河段		溶解氧状况得分 DO_r	
下游	永发	93	93
	定安	93	
	西江	91	
	龙塘	90	
	南渡江大桥	94	
	流水坡	94	
南渡江溶解氧状况得分			92

10.3.2 耗氧污染物状况

南渡江耗氧有机污染状况得分见表10.6。

表 10.6 **南渡江耗氧污染物污染状况得分表**

评价河段		高锰酸盐指数得分 COD_{Mnr}	五日生化需氧量得分 BOD_{5r}	氨氮得分 $NH_3 - N_r$	耗氧污染物得分 OCP_r	
南渡江上游	福才	100	100	100	100	100
	南丰	100	100	100	100	
南渡江中游	九龙	96	100	89	95	95
	金江	97	100	87	95	
南渡江下游	永发	100	100	90	97	93
	定安	92	100	86	93	
	西江	97	100	89	95	
	龙塘	97	100	86	94	
	南渡江大桥	88	100	85	91	
	流水坡	85	100	78	88	
南渡江耗氧污染物状况得分						96

10.3.3 重金属污染状况

南渡江重金属污染状况见表10.7。

从评价结果来看，南渡江未受重金属污染。

10.3.4 水质状况评价结果

综合上述指标计算结果可知，南渡江水质状况得分为96分（表10.8），水质状态处于理想水平。从各分项指标分析来看，南渡江的耗氧污染物及重金属浓度均处于较低水平。从空间分布特征来看，南渡江下游近河口江段的水质状况得分较中上游低。

表 10.7 南渡江重金属污染得分表

评价河段		汞得分 HGr	镉得分 CDr	六价铬得分 CRr	铅得分 PBr	砷得分 ASr	重金属得分 HMPr	
上游	福才	100	100	100	100	100	100	100
	南丰	100	100	100	100	100	100	
中游	九龙	100	100	100	100	100	100	100
	金江	100	100	99	100	100	100	
下游	永发	100	100	96	100	100	99	100
	定安	100	100	93	100	100	99	
	西江	100	100	96	100	100	99	
	龙塘	100	100	100	100	100	100	
	南渡江大桥	100	100	100	100	100	100	
	流水坡	100	100	100	100	100	100	
南渡江重金属污染状况得分								100

表 10.8 南渡江水质状况得分表

指标		溶解氧状况 DO	耗氧污染物状况 OCP	重金属污染状况 HMP
权重		0.4	0.3	0.3
得分	上游	93	100	100
	中游	91	95	100
	下游	93	93	100
	南渡江	92	96	100
南渡江水质状况得分			96	

10.4 生 物 群 落

10.4.1 底栖动物指数

南渡江底栖动物指数得分为 55 分（表 10.9），所反映的生态质量为中等。

南渡江采集到的底栖动物种类和数量都较少，其中软体动物的腹足纲底栖动物在大部分站点中占有优势，近河口的南渡江大桥站点则以钩虾为优势；适应于溪流环境的昆虫纲底栖动物（如蜉蝣目、蜻蜓目）在上游的福才站点出现频率较高。从南渡江各站点的底栖动物群落的特点来看，底栖动物的丰富度与监测点处的底质状况、水文环境和水质状况有一定的联系。

10.4.2 着生硅藻指数

南渡江着生硅藻指数得分为 54（表 10.10），所反映的生态质量为中等～差。

10.4.3 鱼类损失系数

查阅相关资料，南渡江上下游鱼类的代表种类包括花鳗鲡、长臀鮠、台细鳊、海南异

表 10.9   南渡江底栖动物指数得分

站 点		BI 指数	底栖动物指数得分	BI$_r$
上游	福才	5.0	50	50
	南丰	5.1	49	
中游	九龙	4.4	56	53
	金江	5.1	49	
下游	永发	/	/	62
	定安	5.6	45	
	西江	/	/	
	龙塘	5.0	50	
	南渡江大桥	0.8	92	
	流水坡	/	/	
南渡江底栖动物指数得分				55

表 10.10   南渡江着生硅藻指数得分表

站 点		IPS 指数	着生硅藻指数得分	IPS$_r$
上游	福才	9.2	51	47
	南丰	7.8	43	
中游	九龙	9.1	51	60
	金江	12	69	
下游	永发	10.7	61	56
	定安	11.7	67	
	西江	10.4	59	
	龙塘	11.3	64	
	南渡江大桥	6.8	36	
	流水坡	8.7	48	
南渡江着生硅藻指数得分				54

鱲、海南石鲋、海南黑鳍鳈、海南颌须鮈、无斑蛇鮈、海南瓣结鱼、琼中拟平鳅、高体鳓、项鳞吻鰕虎等。

根据 20 世纪 80 年代南渡江鱼类调查成果（《海南岛淡水及河口鱼类志》，1986），南渡江有鱼类 85 种；而 2012 年的调查结果显示，南渡江有鱼类 93 种。由此计算南渡江鱼类损失系数可得：

$$FOE = \frac{93}{85} = 1.09 > 1 \tag{10.1}$$

由评价结果可知，从种类数来看，南渡江鱼类群落没有明显的损失及鱼类损失系数健康得分 FOE$_r$ 为 100。但这是由于不同年代的调查范围和调查强度不一致而引起的鱼类种类的差异；而从鱼类组成来分析，南渡江的鱼类资源主要存在以下问题：①土著种类下降，外来种类数量增加；②濒危鱼类种类逐渐增加；③水质污染、酷渔滥捕、生境破坏等原因导致鱼类资源量明显下降。

10.4.4 生物群落评价结果

南渡江生物群落得分为 65 分（表 10.11）。

从健康得分来看，南渡江生物群落处于健康状态。从硅藻和底栖动物群落来看，南渡江中下游的生物群落以耐受中等污染、喜好富营养型的种类为主；而从鱼类群落来看，虽然南渡江鱼类在过去 20 多年未有显著的损失，但存在濒危种类增加、资源量下降的问题。

表 10.11 　　　　　　　　　　南渡江生物群落得分表

指　　标		底栖动物指数 BI	着生硅藻指数 IPS	鱼类损失系数 FOE
权　　重		0.4	0.4	0.2
得分	上游	50	47	100
	中游	53	60	
	下游	62	56	
	南渡江	55	54	
南渡江生物群落得分		64		

10.5　社　会　服　务　功　能

10.5.1 水功能区达标

南渡江水功能区达标得分见表 10.12。

表 10.12 　　　　　　　　南渡江水功能区达标得分表

站　点		水功能一级区	水功能二级区	水质目标	双因子达标率	水功能区达标得分 WFZ$_r$	
上游	福才	南渡江源头水保护区	/	I	50%	50	75
	南丰	南渡江松涛水库保护区	/	II	100%	100	
中游	九龙	南渡江中游松涛水库-九龙滩保留区	/	II	92%	92	88
	金江	南渡江下游澄迈-海口开发利用区	南渡江澄迈饮用水源区	II	83%	83	
下游	永发	南渡江下游澄迈-海口开发利用区	南渡江澄迈工农业用水区	II	100%	100	94
	定安	南渡江下游澄迈-海口开发利用区	南渡江定安饮用、工业用水区	II	83%	83	
	西江	南渡江下游澄迈-海口开发利用区	南渡江琼山农业用水区	III	100%	100	
	龙塘	南渡江下游澄迈-海口开发利用区	南渡江海口饮用水源区	II	83%	83	
	南渡江大桥	南渡江下游澄迈-海口开发利用区	南渡江琼山工农业用水区	III	100%	100	
	流水坡	南渡江下游澄迈-海口开发利用区	南渡江海口景观娱乐渔业用水区	III	100%	100	
南渡江水功能区达标得分						86	

南渡江水功能区达标得分 WFZ_r 为 89 分（表 10.12），各监测站点在大部分测次均能达到相应的水质标准。其中，南渡江干流上游的福才站点达标次数较低，因为其水质目标较高（Ⅰ类），而其水质现状大部分为Ⅱ类，仍为较高的水质等级。

10.5.2 公众满意度

调查共发放调查问卷 42 份，计算得到南渡江公众满意度得分 PP_r 为 77 分（表 10.13）。

表 10.13 南渡江公众满意度得分表

公众类型	份数	问卷赋分															权重	得分
沿岸居民	15	85	60	80	80	60	85	80	70	80	80	65	85	85	80	70	3	38
周边从事生产活动	12	80	60	60	80	80	80	75	75	70	80	70	85	/	/	/	1.5	19
经常来旅游	10	85	70	80	75	80	70	80	75	80	75	/	/	/	/	/	1	13
偶尔来旅游	5	80	90	80	80	90	/	/	/	/	/	/	/	/	/	/	0.5	7
总计	42	南渡江公众满意度得分																77

公众满意度调查对象中，"沿岸居民"主要来自沿岸各村庄、城镇；"周边从事生产活动"主要是南渡江的渔业捕捞人员，少部分来自海口市沿岸个体经营者；"经常来旅游、偶尔来旅游"主要调查海口市城区南渡江沿岸的旅游者。

从调查结果来看，民众反映的主要问题包括："河流水质一般""河水较混""河面漂浮垃圾"；旅游者则反映"河岸（河滨带）树木植被太少"；渔业捕捞人员普遍反映"河中鱼虾数量大幅减少"等。

10.5.3 社会服务功能评价结果

南渡江社会服务功能得分为 83 分（表 10.14），表明南渡江水生态状况满足社会服务功能。

表 10.14 南渡江社会服务功能得分表

指 标		水功能区达标 WFZ	公众满意度 PP
权 重		0.7	0.3
得 分	上游	75	77
	中游	88	
	下游	94	
	南渡江	86	
南渡江社会服务功能得分		83	

10.6 综 合 评 价

综合以上各项评价指标，南渡江水生态现状得分为 72 分（表 10.15），属于健康状态。

表 10.15　　　　　　　　　　南渡江水生态健康得分表

指　标		水文水资源 HR	河流形态 RM	水质状况 WQ	生物群落 BC	社会服务功能 SF
权　重		0.2	0.1	0.3	0.3	0.1
得　分	上游	59	39	97	59	76
	中游		39	95	65	85
	下游		33	95	67	89
	南渡江		34	96	64	83
南渡江水生态健康得分		72				

从评价得分雷达图来看，南渡江健康得分较低为河流形态，其次为生物群落、水文水资源（图 10.2）。

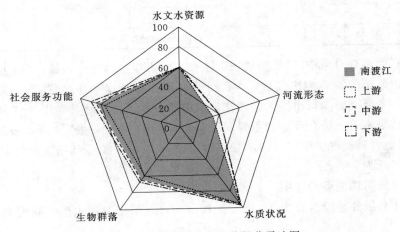

图 10.2　南渡江健康评价得分雷达图

河流水生态问题及管理对策

11.1　主要河流健康问题

通过南渡江水生态状况评价体系，识别出南渡江所存在的水生态问题，为针对性地提出河流健康管理对策提供依据。

11.1.1　河流敏感生态需水不足

从水文水资源计算结果可知，南渡江流量变异程度为 2.4%，汛期生态基流满足程度为 100%，非汛期满足程度为 95.9%。南渡江生态基流（22.5m³/s）是基于 Tennent 法计算得到，以多年平均天然径流量的 10% 作为维持河流基本生态需要的流量。但在美国维吉尼亚地区的河流中证实：10% 的年平均流量是退化的或贫瘠的栖息地条件；20% 的年平均流量提供了保护水生生物栖息地的适当标准；在小河流中，定义 30% 的年平均流量接近最佳生物栖息地标准。这类水文学方法利用水文资料中的历史流量资料计算生态需水，属于统计方法。它的优点是仅仅使用历史流量进行计算，简单易行。其不足之处在于，没有直接考虑生物需求和生境与生物间的相互作用，其生态学意义不明确，其中有的方法具有较大的任意性，有的方法是经验方法，存在地区适用性问题。

若考虑到河流中某些敏感物种对流量的需求时，生态基流远远未能满足生物特殊时期的流量要求。鱼类产卵是鱼类繁衍和保持群落稳定的关键因素，同时，产卵对水量的要求高。因此，从鱼类产卵所需的流量来估算适宜生态需水。在鱼类需要的水力因子中，河流水流平均速度是鱼类产卵和正常生存所需要的重要环境因子，并影响水中溶解氧等水质参数。在天然条件下，一定的流量对应一定的流速，对应一定的水面宽、水深和水面面积。提供了鱼类所需要的一定流量，也就提供了鱼类产卵所需要的最小水力条件。因此，用鱼类正常产卵所需要的最小流量来确定适宜生态需水。

在现阶段，由于缺乏南渡江详尽的生态资料，无法采用栖息地法、生境模拟法等生物水力学方法确定河流的生态流量，只能使用已有的历史流量数据来推导河流生态流量。对于中型河流，平均流量的 20%～30% 为生物提供了较好的栖息地，它对应的水量为适宜生态需水量。根究研究成果❶，南渡江鱼类产卵盛期为 3—7 月，此时适宜生态流量（龙

---

❶　参考自《南渡江流域综合规划（修编）》。

塘断面）应为 60m³/s；以南渡江长序列水文资料计算，3—7 月南渡江鱼类产卵期生态蓄水量满足程度较低（62%），如图 11.1 所示。

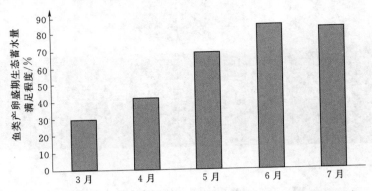

图 11.1 鱼类产卵盛期南渡江（龙塘断面）生态需水量满足程度

由此可见，南渡江的生态基流满足程度较高，但对生物特别是鱼类的产卵时期的敏感生态需水满足程度较低。

11.1.2 河道挖沙破坏河流形态

从河流形态调查可知，南渡江部分江段存在采砂现象，如永发、定安河段，采砂活动的存在对河流形态产生了一定的消极影响。

南渡江采砂历史悠久，已延续多年，有规模的采砂则最早从 20 世纪 90 年代初开始，在 90 年代中期达到最盛并延续至今。南渡江上游河砂资源相对较少，中、下游澄迈县金江镇山口至定安县城段河道河砂资源丰富，砂质优良，所以此段范围内采砂活动规模较大，如图 11.2 所示。

图 11.2 定安南渡江大桥附近采砂场

南渡江沿岸的采砂场采深一般不会大于 5m，但部分采砂场处于冲刷岸一侧，采砂场的后缘已挖至阶地前缘，是否会改变河床形态，应予以重视。随着海口市工业与民用建筑的大量兴建，对河砂需求量猛增，尤其靠近城镇的河段已经出现超量、无序的滥采河砂的现象。

南渡江采砂活动除了影响河流形态外，还对水生生物造成显著的影响。其中，以河流底质为栖息环境的底栖动物受到的影响尤为显著，在永发、定安两个调查站点均无法采集到底栖动物活体。这主要是因为采砂活动对河床底质的扰动，造成底质破坏、水体浑浊等不良因素，使得底栖动物无法生存。另外，广东鲂、黄尾鲴是南渡江中下游两种重要的经济鱼类，其在渔获物占有一定比例，它们的生产方式主要是在砂上、砾石上产粘沉性卵，河道中的沙洲、边滩往往是它们的重要繁殖场所，而采砂活动对这些鱼类产卵场的破坏也是造成南渡江鱼类资源下降的重要原因。

造成南渡江采砂乱象的主要原因如下。①有监管不到位、执法不严。虽然有足够的法律规定来限制非法采砂，但效果一般，没有从源头上遏制这类破坏生态环境的疯狂行为。实际情况来看，江中违规采砂越演越烈，这与当地的执法力度有关。②采砂管理涉及多部门，责任不明根据相关法律和地方法规条例，河道采砂单项活动需要有水务局、航道局、交通局、国土资源部、矿产管理部门等多个行政主管部门实行管理、实施许可，管理中的协调、配合难度很大，责任不明。③采砂规划不够科学。无论是《海南省南渡江河道采砂规划》，还是《南渡江海口段采砂规划》，这些规划报告并没有相应的物理模型试验或者基于原型观测数据进行的数值模拟计算。其所做的规划主要是基于相关法律法规和对采沙前后的河道地形观测所做出的，有比较大的主观性。

因此，有必要加强南渡江的河道采砂管理，防止无序的采砂活动对河流形态和水生生物群落的破坏。

11.1.3 鱼类多样性及资源量下降

从鱼类损失系数的评价结果来看，南渡江鱼类群落从种类数来说没有明显的下降；但从鱼类组成来分析，南渡江的鱼类资源仍然存在资源量明显下降、濒危鱼类种类逐渐增加的问题。

本次调查资料表明，南渡江分布的 93 种淡水鱼类中，大鳞白鲢、三角鲂、鳊、盘唇华鲮、尖鳍鲤、倒刺鲃、斑鳠等资源衰退，其中大鳞白鲢已经难以发现；海南鲌、鲴类、唇鲮、须鲫、海南华鳊、鲤、鲫等种类仍是主要的优势种，其他一些种类，如海南异鱲、马口鱼、拟细鲫、虹彩光唇鱼则主要分布在河流的上游及支流。

目前南渡江中鱼类资源是贫乏的。虽然资源种类还较丰富，但种类种群资源量已十分微小，也没有某个种类有大群体、占相对较大比例。

造成南渡江的鱼类资源量下降有多方面的原因。一是过度捕捞及非法捕捞；二是生境特征，目前南渡江河口三角洲水域面积小，没有丰富的河网，这些限制了鱼类的栖息、摄食等；三是水坝建设及水污染等。

同时，南渡江的濒危鱼类的种类数在逐渐增加。以南渡江中的特有鱼类大鳞白鲢为例，根据《海南岛淡水及河口鱼类志》记录，1970 年前，大鳞白鲢在松涛水库年产量 10 万～25 万 kg，但其资源已显著衰竭，其原因主要是如下。①南渡江层层修建水库，改变了大鳞白鲢生殖洄游的生态环境，致使中、下游的成熟亲鱼无机会到上游产卵。大鳞白鲢的产卵场主要分布在松涛水库的上游支流及定安附近的南渡江干流中，但由于闸坝的修建阻隔了大鳞白鲢的洄游通道，使其无法完成产卵行为，其种群无法得到天然的补充。②对大鳞白鲢的天然资源保护不够。在繁殖季节，由于在松涛水库上游大量拦捕亲鱼，甚至出现炸鱼、毒鱼等事件，使成熟群体遭到严重破坏。③库区亲鱼虽能自行产卵，但由于流程短，孵苗困难，值得注意的是大量吞食鱼卵、仔鱼的昼条等野杂鱼相当多，即使孵出的苗种也是有限的。至 20 世纪 80 年代，南渡江的鱼类资源就已经显著衰退，大鳞白鲢、盘唇华鲮、光倒刺鲃、倒刺鲃等数量明显减少。

除了大鳞白鲢外，比对 20 年前出版的《海南岛淡水及河口鱼类志》（中国水产科学院珠江水产研究所，1986 年），南渡江干支流的鱼类资源已出现明显的衰退，有不少曾经在南渡江中有记录的鱼类已难见踪影，如倒刺鲃与海南瓣结鱼等几种经济鱼类；而典型溪流性鱼类如海南麦头鱼、大鳞光唇鱼等也没有采集到，在当地乡镇市场也没有出售。

因此，从总体上来讲，南渡江鱼类种类虽未有明显的损失，但越来越多种类面临濒危灭绝的境地，河中土著鱼类的资源总量也成显著的下降趋势。

11.2 健 康 管 理 对 策

针对南渡江主要健康问题，提出恢复南渡江河流健康的对策措施。

11.2.1 下泄生态流量

从水文水资源计算结果可知，南渡江流量变异程度为 2.4%，汛期生态基流保障程度为 100%，非汛期保障程度为 95.9%，鱼类产卵盛期生态需水量（60m³/s）满足程度则较低（62%）。

因此，有必要通过开展生态调度工作，满足南渡江河道内敏感生态需水。但目前国内外生态调度工作仍处在探索阶段，因此本书建议应先进行南渡江生态流量研究，研究内容包括：

（1）以控制主要断面生态流量及敏感生态需水指标为目标，进行合理的发电放水，通过控制各梯级下泄流量，制造人工模拟洪峰，刺激鱼类产卵繁殖。由于目前国内在人造洪峰上仍处于试验阶段，在南渡江干流生态调度以模拟洪峰上需要进一步深入研究，确定方案。

（2）汛期降低运行水位，减少水库库尾鱼类产卵场的回水影响，维持自然的流场、流态。

（3）汛期有洪峰的时间段，科学调整库区水位，开闸泄洪，保持上下游水位持平，鱼类洄游通道贯通。

南渡江流域内除松涛水库外，其他梯级均为径流式电站，可调度库容较小。因此，建议在鱼类繁殖的高峰期，通过以松涛水库为主、中下游各梯级为辅的联合调度方式，保证鱼类产卵所需的生态水量。

11.2.2 河流纵向连通性恢复

目前，南渡江已建有松涛水库、谷石滩、九龙滩、金江、龙塘五个梯级；中游东山梯级已获批，即将开工建设；而松涛水库以上各支流也建有 14 个水电站。所以，原本连通的南渡江已呈明显的破碎化，尤以松涛水库对南渡江的阻隔影响尤为明显。

南渡江已建及规划的一系列防洪灌溉水库、水利发电工程，阻隔了鱼类通道的连续性，导致河流开放、联系的系统在能量流动、物质循环及信息传递等方面发生一系列的改变，使生活其中的鱼类所需要的生境条件、水文情势发生变化，最终对鱼类资源造成影响（如鱼类的洄游和其他活动可能被延迟和终止，鱼类的生境破碎化，导致鱼类种类种群遗传多样性下降和经济鱼类品质退化等）。

从现状调查结果来看，喜流水种类和产漂流性卵的种类在渔获物中仍有分布，但所占比例较小，说明相应的鱼类适宜生境仍然存在。产漂流性卵的产卵场仍在部分流水河段零星分布，但产卵规模被明显削弱。鱼类种群规模萎缩的主要原因是：一方面，库区形成后，栖息空间被压缩以及闸坝阻隔鱼类洄游至产卵场；另一方面，闸坝阻隔形成的坝上、坝下两个种群缺少基因交流。因此，为了保护南渡江流域鱼类资源，恢复河流生物多样性，需充分论证已建工程及规划梯级配置过鱼设施的必要性。

11.2.2.1 过鱼设施比选

过鱼设施主要有鱼道、升鱼机、鱼闸与索道式鱼道、集鱼船和特殊鱼道等。各种过鱼措施优缺点如下：

（1）鱼道是针对洄游性和半洄游性鱼类通过水利枢纽而设计和建造的。其优势在于不需要人工操作，可以持续过鱼，运行费用低廉。但鱼道很难对全部受大坝影响的鱼类有效。而且现有的资料表明，鱼道一般只适用于低水头大坝，对于高坝，采用鱼道的效果很难保证。

2000 年以来，经过环境影响技术评价的 24 个国家级水利水电项目鱼道建设相关统计数据表明，我国目前以垂直竖缝式和仿自然通道的鱼道为主。竖缝式鱼道有长洲坝水利枢纽鱼道（图 11.3），竖缝式鱼道的规模可根据落差而定，规模小的成本非常低，可参考青海湖裸鲤竖缝式鱼道模型（图 11.4）；另外对于低水头水电站，也可以考虑阶梯式鱼梯，如青海湖沙柳河水坝改成了目前的阶梯式鱼梯（图 11.5）。而国外的一些阶梯式鱼梯也可以小型化设计（图 11.6）。

图 11.3 长洲坝水利枢纽鱼道　　　图 11.4 青海湖裸鲤竖缝式鱼道模型

珠江水系的 2 个鱼道，长洲坝水利枢纽鱼道及北江支流连江的西牛水利枢纽鱼道，均有较好的过鱼效果；其中长洲鱼道 2011—2013 年初步监测中采集到鱼类 36 种，主要优势种类为银飘鱼、瓦氏黄颡鱼、赤眼鳟、鲮、日本鳗鲡等，四大家鱼（青鱼、草鱼、鲢、鳙）、弓斑东方鲀、花鳗鲡亦有出现，鱼道呈现了较好的过鱼潜力。

（2）升鱼机适用于高坝过鱼和水库水位变幅较大的枢纽，也适用于长距离转运。一般

图 11.5 青海湖沙柳河阶梯式鱼梯   图 11.6 阶梯式鱼梯范例

在上下游均设有诱导设施，属鱼类过坝的一项重要辅助设施。在过鱼设施的进口设置拦鱼、导鱼和诱鱼设施，可以防治鱼类误入被截断的水域，并帮助鱼类及早发现新通道的入口，可以使分散零星的鱼汇集起来，提高过鱼效率。升鱼机的优点是适于高坝过鱼，又能适应水库水位的较大变幅。缺点是机械设施发生故障的可能性较大，并且无法实现连续过鱼。

（3）鱼闸适用于低坝，对于洄游和半洄游性鱼类通过大坝有较大帮助。鱼闸的运行方式与船闸相似，鱼类在闸室凭借水位的上升，不必溯游便可过坝。鱼闸适合于中、高水头的大坝。鱼闸的优点在于它能够维持一定的水系连通，占地少，鱼类不必克服水流阻力即能过坝。其缺点是鱼闸不能连续过鱼，工程难度大，需要进行机械操作，所以过鱼量不是很多。另外，需较多的机电设备，维修费用较高。

（4）集运鱼系统主要包括集鱼设施和运输设施。集运鱼船机动灵活，可在较大范围内变动诱鱼流速，既可将鱼运往上游适当的水域投放，也可在坝上布置集运鱼系统将鱼转运下坝，与枢纽布置无干扰，适用于各种水头的大坝使用，并适合已建的枢纽补建过鱼设施。其缺点是集运鱼系统属转运措施，不能连续过鱼，运行管理需要专业技术队伍，受诱鱼效果的制约较大，特别是诱集底层鱼类较困难，噪声、振动及油污也影响集鱼效果，不能保持水系连通。

上述各过鱼设施各有优缺点，应结合已建和规划梯级的工程设计、所处区域地质条件等各方面因素，论证配置过鱼设施的可能性。

11.2.2.2 各梯级过鱼设施建议

从目前南渡江水系已建工程的实际情况来看，除规划即将建设的东山水利枢纽配套建设鱼道外，各已建工程均未配置过鱼设施，虽然配套的船闸、水闸可能为鱼类提供洄游迁移的可能通道，但实际效果非常有限。从保持河流连通性，减少对鱼类洄游阻碍的需要出发，南渡江流域各规划梯级和已建梯级均有配置过鱼设施的必要性。

（1）河口三角洲。南渡江下游及三角洲段主要为海河洄游鱼类（花鳗鲡、日本鳗鲡、花鲦、三线舌鳎、黄鳍鲷、白肌银鱼）。已建的龙塘闸坝对这些鱼类特别是幼鳗的洄游有明显的影响，因此有建设过鱼设施的必要性。龙塘闸坝的主要功能是挡潮御咸、提高水位、满足农田灌溉和城镇用水以及调节洪水、辅助治涝。正常蓄水位下，龙塘闸坝水头仅

5m。根据《海南省海口市南渡江引水枢纽工程（龙塘水库）安全鉴定大坝安全评价报告》，龙塘大坝安全类别评定为三类坝，需进行重建。为此，海口市人民政府出具《海口市人民政府关于承诺在我市龙塘闸坝重建中建设过鱼设施的函》（海府函〔2015〕27号），承诺结合龙塘闸坝工程重建计划，在龙塘闸坝增加建设过鱼设施。根据龙塘闸坝所处地形及布置情况，龙塘鱼道置于枢纽右岸，最大过鱼高度约7.5m。

（2）南渡江中游干流。南渡江中下游干流（三河坝以下至河口）是海河洄游和江河半洄游鱼类（如花鳗鲡、日本鳗鲡、四大家鱼、三角鲂、赤眼鳟、鲮等）的重要栖息场所，已建和规划梯级对这些鱼类洄游通道有明显的阻隔，影响鳗鲡的索饵洄游和四大家鱼、三角鲂等的生殖洄游，因此有必要建设过鱼设施。

谷石滩、九龙滩坝高分别为23.0m、14.0m，加建鱼道或鱼梯等过鱼设施存在一定的困难。从加强闸坝上下游鱼类种群的基因交流，建议该河段两个闸坝可采用集运鱼过坝的过鱼方式。

金江水电站坝高5m，其回水已至九龙滩坝址以下，库区特别是坝前水域呈一定的湖库特征，可为上下游鱼类的育肥索饵提供良好的场所。在洪水过程中，坝址上下游水位基本持平，河段恢复天然状态。建议该梯级通过增设小型鱼梯来恢复河段的连通性。

而东山水利枢纽在其环保措施中已配套设计有仿生态型鱼道，设计过鱼对象为花鳗鲡、日本鳗鲡、七丝鲚等长距离洄游鱼类，兼顾黄尾鲴、草鱼、赤眼鳟、鲢、鳙、鲮、三角鲂等半洄游鱼类。

（3）南渡江上游。由于松涛水库的存在，松涛以上的南渡江基本成为一个独立的生态单元，其中的鱼类以定居性为主，可考虑采用人工增殖放流的方式进行补偿。松涛以上各支流已建有大大小小的水电站，这些电站闸坝的水头普遍较小，建议优先考虑通过增设小型鱼梯来实现过鱼；对修建鱼道或鱼梯可行性较低的梯级，可考虑采用集运鱼过坝的方式。

（4）其他支流。对于南渡江流域支流的新建小型电站，可以优先考虑使用竖缝式鱼道或阶梯式鱼梯的过鱼设施。对修建鱼道或鱼梯可行性较低的梯级，可考虑采用集运鱼过坝的方式。

对于径流量较小的支流，目前梯级开发基本完成，由于规模及地形等条件的限制，增设过鱼设施存在一定的难度。因此，应在对这些梯级所在河段的鱼类群落现状进行调查的基础上论证建设鱼类设施的可能性。如果分布的鱼类主要为定居性的，则也可以考虑通过人工增殖放流等措施对鱼类资源进行补偿。

综上所述，南渡江下游及河口河段的龙塘闸坝在重建工程中将会增设鱼道；中游即将建设的东山枢纽已配套设计了仿生态型鱼道，金江水电站坝高较小，可通过增设小型鱼道来实现过鱼，谷石滩、九龙滩两个梯级建议通过集运鱼过坝的方式解决鱼类种群的基因交流问题；上游的松涛水库以上河段已成为独立的生态单元，建议通过人工增殖放流等措施对鱼类资源进行补偿。

由于南渡江中下游的鱼类资源养护在整个水系的鱼类保护中占核心地位。其中的金江、东山、龙塘梯级均建设过鱼设施后，南渡江中下游120km的河段基本上保持有鱼类上溯的通道；而在鱼类早期生活史过程中，鱼卵、鱼苗的顺水漂流则保证了鱼类下行的种群基因交流。因此，南渡江中下游的连通性得到了一定的维持，南渡江产漂流性卵鱼类的产卵场得到有效维护。

11.2.3　人工保育鱼类资源

南渡江的鱼类群落虽然在种类数量上没有呈明显的损失，但从种群结构分析来看，濒危种类数增加、资源量下降是其主要问题。

鱼类人工种群建立及增殖放流是目前保护鱼类物种、增加鱼类种群数量的重要措施之一，在一定程度上可以缓解南渡江生境变化对鱼类资源的不利影响。增殖放流包括物种保护放流和渔业补偿放流，物种保护放流一般以珍稀濒危特有鱼类为主，渔业补偿放流一般以经济鱼类为主。鱼类1、2增殖放流涉及面广，管理操作过程较为复杂，对水域生态系统影响深远，技术含量比较高，需要对放流水域生态环境和鱼类资源现状了解非常清楚，对放流对象生物学特性、苗种繁育技术、放流和效果评价技术等研究较为深入，对增殖放流进行合理的规划和布局，制定科学增殖放流方案。鱼类1、2增殖放流技术如图11.7所示。

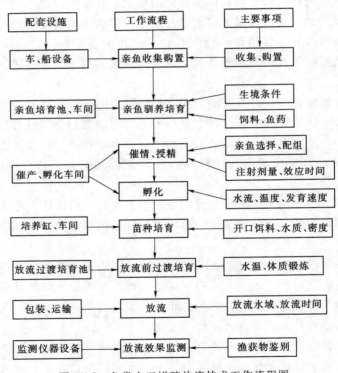

图 11.7　鱼类人工增殖放流技术工作流程图

理论上，所有受影响的鱼类均应采取相应的保护措施，但是其涉及工程量过大，同时由于生态系统的复杂性，确定合适的放流数量较为困难。因此，需要根据实际情况进行保护对象以及优先保护顺序的确定。

11.2.3.1　人工增殖种类筛选

本书建议，南渡江的鱼类人工增殖应该集中在两个方面：主要经济物种及珍稀濒危物种。

从鱼类群落的现状调查来看，由于闸坝的阻隔和生境的变化，部分经济鱼类的资源量已有下降，如赤眼鳟、三角鲂、黄尾鲴、倒刺鲃、光倒刺鲃等。其中，赤眼鳟、三角鲂、斑鳠是全海南岛仅分布于南渡江的重要淡水经济鱼类，其经济价值较高，是中下游河段渔业经济捕捞的重要对象；倒刺鲃、光倒刺鲃是分布在中上游的重要经济物种，但由于闸坝阻隔、水质恶化等原因，其在南渡江的资源显著下降。

另外，南渡江记录有 10 个特有种类，但除大鳞白鲢、无斑蛇鮈、高体鳜外，其他的种类可能为地理上隔离而出现的形态差异；其中，无斑蛇鮈、高体鳜均分布在南渡江上游的溪流中；大鳞白鲢曾广泛分布于南渡江，后来主要分布在松涛水库，其产卵场受上游的小型水库建设而破坏，资源量显著下降；目前其人工繁殖已有一定的研究基础，可将该海南岛特有物种作为远期增殖对象。

花鳗鲡是南渡江中的国家二级保护鱼类。目前其受到河口捕鳗及闸坝阻隔的影响，其资源量在南渡江也呈明显的下降趋势。但由于鳗鲡繁殖、鳗苗培育等方面仍存在技术难关，无法实施人工增殖。因此，针对花鳗鲡目前主要以保护现存资源为主，一旦人工增殖技术取得突破，应作为南渡江人工增殖放流的主要对象。

从维持南渡江生物多样性方面考虑，建议现阶段南渡江增殖放流种类有：三角鲂、鳊、倒刺鲃、光倒刺鲃、斑鳠、大鳍鳠、瓣结鱼、赤眼鳟、银鲴、黄尾鲴、大鳞白鲢、长臀鮠等。其他一些珍稀濒危种类，应着重开展人工增殖技术的研究。

11.2.3.2　加强鱼类生态学研究

要开展鱼类人工增殖工作，应进一步了解各种鱼类，特别是保护、特有鱼类的生活习性、生物学特征等信息，为更好地制定有针对性的可行的保护措施提供支持。在目前南渡江梯级开发利用的背景下，应通过对鱼类种类、鱼类数量、鱼类产卵场等的变化进行监测，掌握因南渡江生境变化而引起的水生生物生态环境变化及发展趋势，为鱼类保护和水生生物资源的充分利用提供科学依据。

同时，也应加强对南渡江生物入侵现状开展研究。现状调查发现，尼罗罗非鱼在评价区分布广泛且在渔获物中的比重大，可能已经并将长期对评价区土著鱼类造成了严重影响，亟待开展深入调查研究和防治对策研究。

11.2.4　栖息地保护

11.2.4.1　栖息地范围拟定

为满足南渡江鱼类对流水生境和产卵场的要求，应对南渡江流域内尚存的、能满足鱼类生存需要的生境采取保护措施。

松涛水库是海南省大型水库中鱼产力最高的水库之一。大鳞白鲢曾是该库的特产。在20 世纪 70 年代以前，南方鲮鱼是库中的主要鱼类，其产量占总捕捞量的 60% 左右。1970年该水库的鱼产量达 50 万 kg，按养鱼面积平均亩产为 3.2kg。但 80 年代以来，由于管理不善、捕捞压力、水质变化、水利工程影响等原因，鱼产量却逐年下降，到 1986 年降至8.5 万 kg，平均亩产仅 0.53kg，为 1970 年的 15.7%。因此，保护松涛水库渔业生产潜力对保障南渡江鱼类资源有重要作用。

松涛坝下至龙塘坝址区间淡水鱼类主要为青鱼、草鱼、鲢鱼和鳙鱼四大家鱼和非洲鲫鱼等淡水鱼类。谷石滩、九龙滩、金江 3 个梯级基本形成了首尾相连的水库群，库间形成水流较缓的湖库型的水生生境。规划建设的东山闸坝建成后，库区回水范围为 7.3km，坝下游坝下至龙塘坝库尾的 35km 河段仍存在一定的天然河道；在保证东山、龙塘两个梯级配置过鱼设施的前提下，金江枢纽以下至河口的南渡江保持了河流的连通性，可作为南渡江中下游鱼类的栖息地。

此外南渡江中游较大支流有大塘河、龙州河、温村水、巡崖河和铁炉溪，其流水条件和河流底质仍能在一定程度上满足鱼类的生存繁殖要求；以上各河段均可考虑作为南渡江鱼类的替代生境。从各支流的规模来看，南渡江中游大部分支流的集水面积仅为 100km² 左右，其规模相对较小，作为鱼类栖息地的保护价值相对较低；其中大塘河（集水面积 601km²，下同）、龙州河（1293 km²）、巡崖河（445 km²）三条支流的规模较大，可为南渡江中游的鱼类提供适宜的栖息环境。

11.2.4.2 栖息地生境筛选

（1）干流生境状况。金江水利枢纽坝址以下至南渡江河口段长达约为 100km，河床底质主要为细沙，河道较宽，水流比较缓。

其中，金江水利枢纽坝下至东山枢纽河段长约 30km，河流底质主要为细沙及鹅卵石，河床较为平坦，也有一些沙洲；除开东山水坝的洄水区外，还有 22km 的河段为自然河段，保持自然流态。洪水期，随着流量增大，这些江段流态复杂，可形成漩涡，为产粘沉性卵的鱼类提供产卵场所。

东山坝址至龙塘库尾天然河段约 35km，其间不存在已建（在建）和规划建设的梯级，底质以淤泥和泥沙为主，适宜鱼类栖息繁殖，其间分布有定安鱼类产卵场。东山坝址下泄流量为 14.4 m³/s，可见坝下河段仍保持流水状态。

龙塘坝下河段受潮汐影响明显，每天水位有涨落变化。河口地带咸淡水交汇，是南渡江淡水性鱼类重要索饵场所。在洪峰期，流量非常大情况下，河口会发生漫堤，河面大面积拓展，有利于鱼类的繁殖和索饵；其间分布有龙塘鱼类产卵场，该产卵场江段两岸水草茂盛，河中央分布有一个沙洲，河流一边急流一边缓流，是光倒刺鲃等鱼类繁殖的理想场所。

根据海口市政府的相关文件，龙塘闸坝将实施增设鱼道的重建计划，将进一步恢复东山坝下至南渡江河口的河流连通性，对鱼类的洄游产生积极影响。

从渔获物调查可知，干流优势种类包括鳖、越南鱊、海南鲌、唇鳈、乌塘鳢、银鮈、尼罗罗非鱼等。

综上所述，在东山及龙塘枢纽均配置过鱼设施的前提下，金江坝址以下至南渡江河口干流基本保持河流的连通性，建议作为鱼类栖息地保护范围。

（2）支流生境状况。九龙滩坝址至龙塘坝址之间的支流底质均以细颗粒泥沙为主，且河流类型均为丘陵河流，河段存在一定落差。其中，大塘河、龙州河及巡崖河流域面积较大，河长较长，水量较丰沛，流速条件和可栖息范围均较优越。各支流要素见表 11.1。

1）大塘河。大塘河位于澄迈县城上游，与干流汇合口距离东山坝址上游约 30km；河口以上 10km 处有一滚水坝（灌溉引水），坝下至干流具自然河流流态，河流底质以泥沙和砾石为主。下游河口段河流较宽阔，河中分布有大量河滩地，可为鱼类栖息和繁殖提供良好环境。但目前该河流存在采沙活动，河床受到一定程度的影响。

表 11.1   较大支流水文要素统计表

河流名称	发源地	河流出口	集雨面积/km²	河长/km	坡降/‰	开发情况（闸坝数量）	多年平均流量/(m³/s)	最后一级距干流汇入口长度/km
龙州河	屯昌黄竹岭	定安溪头坡	1293	107.6	1.11	11	43.5	11.6
大塘河	儋州大王岭	澄迈大塘村	601	55.7	1.83	6	9.5	9.5
巡崖河	定安黄竹市	定安巡崖村	445	42.3	1.27	5	11.6	2

从渔获物调查可知，大塘河的主要鱼类有海南红鲌、南方波鱼、越南刺鳑、马口鱼、线细鳊、鳘，其中优势种类为鳘、越南刺鳑等。

2）龙州河。龙州河位于定安县城上游，与干流汇合口距离东山坝址下游约 7km；河口以上 14km 处有一灌溉引水的滚水坝。坝下为自然河段，河流底质以泥沙和砾石为主。目前该河段生态保护较好，河口段分布有大量河滩地，两岸有水草，可为鱼类的栖息和繁殖提供良好的环境。

从渔获物调查及市场走访可知，龙州河的主要鱼类包括半鳘、鳘、银鮈、尼罗罗非鱼、马口鱼、鲮、鲤、鲫、大刺鳅、纹唇鱼、条纹刺鲃、越南鱊等，其中鳘、半鳘是渔获物中的优势种类。

3）巡崖河。巡崖河位于定安县城下游，靠近河口处约 1km 处建有水坝（金门水电站），闸坝壅水造成所在河段水流较缓，基本为静水区域；闸坝的存在对干支流的河流连通性造成一定的影响。中下游河道较窄，约 50m；河流底质为泥沙。

从渔获物调查可知，巡崖河主要鱼类种类包括半鳘、鳘、海南红鲌、尼罗罗非鱼、光倒刺鲃、大刺鳅、赤眼鳟等，其中优势种类为鳘、半鳘等。

从生境特点来看，上述三条支流的水量相对较大，河流中均分布有大量河滩地、水草等，为鱼类的栖息和繁殖提供适宜的环境；但巡崖河河口处建有闸坝，阻隔了干支流的河流连通性，使得其保护价值有所下降。从干支流的鱼类种组成相似性来看，干支流的鱼类优势种基本相似，均以鳘、半鳘等种类为优势，同时也分布有干流中较常见的鲤、鲮、赤眼鳟等种类；而支流中也分布有大刺鳅、马口鱼等一些溪流性种类，鱼类多样性相对较高。因此，支流中的大塘河、龙州河可作为鱼类栖息地保护的范围。

综上所述，推荐松涛水库、金江枢纽坝址至南渡江河口干流河段（长 96km）、大塘河末端梯级至河口（9.5km）及龙州河末端梯级至河口（11.6km）的河段为鱼类栖息地保护范围，建议不对上述河段进行开发。

11.2.4.3 栖息地保护及管理措施

海南省已于 2007 年通过了《海南省松涛水库生态环境保护规定》，建议严格执行该规定，加强松涛水库生态环境的保护和管理，充分发挥松涛水库的综合效益。

为保护鱼类栖息地生境，对各河段栖息地保护要求如下：

（1）加强渔政管理，杜绝电鱼、炸鱼等行为的发生。

（2）加强对鱼类产卵场等重要水域保护，设立醒目标示牌或浮标。

（3）保护栖息地的自然河段现状，不再进行任何形式的水利水电工程及其他破坏河流生态的开发活动。

（4）营造替代生境，为鱼类栖息、产卵及索饵提供适宜生存环境。

（5）栖息地保护段严禁非法采沙及无序过度采沙行为。

12

结 论

　　通过对南渡江河流水生态的调查研究，建立了以水文水资源、河流形态、水质状况、生物群落、社会服务功能为指标结构的南渡江水生态评价体系。根据调查结果，南渡江河流健康得分为75分，属于健康状态。从各指标评价得分来看，南渡江健康得分较低为河流形态，其次为生物群落、水文水资源。

　　根据南渡江水生态健康评价结果，识别出南渡江存在河道敏感生态需水不足、河流形态遭破坏、鱼类多样性及资源量下降等健康问题。本书针对性地提出下泄生态流量、恢复河流纵向连通性、人工保育鱼类资源、栖息地保护等南渡江健康管理对策。